图形图像处理技术项目化教程

第二版

张宏彬 主编 戴菲 薛娟 副主编

化学工业出版社

·北京·

本书以培养德智体美劳全面发展的社会主义建设者和接班人为目标,以当下使用最为广泛的图形图像处理软件 Photoshop 为平台,引入合作企业的工程案例和正能量素材为教学内容,注重课程育人,有效落实"为党育人、为国育才"的使命。

本书由十六个项目任务组成,内容包括:信笺的设计、图片格式的调整、风景照人物的添加、图片背景的修改、包装盒的设计、照片色彩的调整、橱窗广告的设计、自荐材料封面的设计、个性化名片的设计、透视效果图片的合成、节日贺卡的设计、物品图片的合成、水中倒影的制作、企业文字 LOGO 的设计、旧照片的翻新和多素材的高效处理等。

本书语言通俗易懂,操作简便,例证丰富,实践性强,可作为高职院校计算机类专业教材、成人高校或社会培训机构图形图像处理技术培训教材,也可供计算机平面设计从业人员、图形图像处理爱好者参考使用。

图书在版编目(CIP)数据

图形图像处理技术项目化教程/张宏彬主编. —2 版.
北京:化学工业出版社,2014.7(2025.2 重印)
高职高专"十二五"规划教材
ISBN 978-7-122-20711-1

Ⅰ.①图… Ⅱ.①张… Ⅲ.①图像处理软件-高等职业教育-教材 Ⅳ.①TP391.41

中国版本图书馆 CIP 数据核字(2014)第 100056 号

责任编辑:高 钰　　　　　　　　　　　文字编辑:杨 帆
责任校对:吴 静　　　　　　　　　　　装帧设计:刘丽华

出版发行:化学工业出版社(北京市东城区青年湖南街 13 号　邮政编码 100011)
印　　装:北京云浩印刷有限责任公司
787mm×1092mm　1/16　印张 15¾　字数 387 千字　2025 年 2 月北京第 2 版第 11 次印刷

购书咨询:010-64518888　　　　　　　　售后服务:010-64518899
网　　址:http://www.cip.com.cn
凡购买本书,如有缺损质量问题,本社销售中心负责调换。

定　价:48.00 元　　　　　　　　　　　　　　　　　　　版权所有　违者必究

前　言

本书认真落实党的二十大提出的"优化职业教育的类型定位"的要求，结合新时代职业教育发展趋势，强化德技并修，以项目教学为主线，以合作企业的工程案例和正能量素材为教学内容，为国家课程思政示范课程、国家精品在线开放课程《图形图像处理》配套而修订。

本教材由十六个项目任务组成，内容包括：信笺的设计、图片格式的调整、风景照人物的添加、图片背景的修改、包装盒的设计、照片色彩的调整、橱窗广告的设计、自荐材料封面的设计、个性化名片的设计、透视效果图片的合成、节日贺卡的设计、物品图片的合成、水中倒影的制作、企业文字LOGO的设计、旧照片的翻新和多素材的高效处理等。与前一版教材相比，本次版本每一项目中新增了项目拓展栏目，PS版本升级为CS6，另外更新了约50%的素材图片。

本教材具有以下特点：

（1）适用性强。以目前使用最广泛的图形图像处理软件Photoshop CS6为平台；

（2）项目导向。通过项目任务的完成来组织教与学，适应当前课程改革的要求；

（3）校企合作。实例来源于合作企业的工程案例并加以改造，有助于创新能力培养；

（4）便于使用。语言通俗，图文并茂，方便教与学；

（5）资源丰富。在"爱课程"平台上搜索配套建设的"图形图像处理"课程网站，教材由平面扩展为立体，教案、课件可下载，信息丰富。

本教材的编写人员都是具有丰富高职院校《图形图像处理技术》课程教学经验的老师或是企业一线平面设计工程师，张宏彬主编，戴菲、薛娟副主编，何晓军、秦久明、纪勇、郭静、王超、常春荣等同志参与了相关章节的编写。

由于编者水平有限，书中不妥之处敬请专家、同仁和使用者指正，联系E-mail：ypi@qq.com，在此先表谢意。

编　者

第一版前言

教育部要求高等职业院校必须把培养学生动手能力、实践能力和可持续发展能力放在突出的地位，促进学生技能的培养。据此，编者结合目前教学改革的要求，以项目教学为主线，结合江苏省高等学校精品课程《图形图像处理技术》配套编写了本教材。

本教材由十六个项目任务组成，内容包括：信笺的设计、图片格式的调整、风景照人物的添加、图片背景的修改、包装盒的设计、照片色彩的调整、橱窗广告的设计、自荐材料封面的设计、个性化名片的设计、透视效果图片的合成、节日贺卡的设计、物品图片的合成、水中倒影的制作、企业文字LOGO的设计、旧照片的翻新和多素材的高效处理等。

本教材具有以下特点：

(1) 以使用最广泛的图形图像处理软件Photoshop CS3为平台；

(2) 项目导向，通过项目任务的完成来组织教与学，适应当前课程改革的要求；

(3) 实践性强，通篇实例来源于工程实际或生活过程，极具亲和力；

(4) 语言通俗，图文并茂，便于教与学；

(5) 有专门课程学习网站（http://zhanghb.yzcit.cn）配套，教材由平面扩展为立体，教案、课件可下载，信息丰富。

本书的编写人员都是具有丰富高职院校图形图像处理技术课程教学经验的老师。本书由张宏彬、许开维担任主编，韩世芬、柴旺林担任副主编，秦久明、戴菲、薛娟、纪勇等参与了相关章节的编写。

由于水平有限，加上时间仓促，书中不妥之处敬请专家、同仁和学生们指正。

编　者
2010年8月

目 录

项目 1　信笺的设计 ·· 1
　项目任务 ·· 1
　项目要点 ·· 1
　项目准备 ·· 1
　　1.1　Photoshop CS6 的工作界面 ··························· 1
　　1.2　像素和分辨率 ··· 3
　　1.3　图像色彩模式 ··· 4
　　1.4　位图与矢量图 ··· 6
　　1.5　图像和画布的大小 ······································ 6
　　1.6　辅助工具 ·· 7
　　1.7　图像输入常用工具 ······································ 8
　　1.8　图像输出常用工具 ······································ 9
　项目实现 ·· 10
　项目拓展 ·· 11
　项目习题 ·· 11

项目 2　图片格式的调整 ·· 12
　项目任务 ·· 12
　项目要点 ·· 12
　项目准备 ·· 12
　　2.1　新建和打开图像 ··· 12
　　2.2　放大和缩小显示图像 ·································· 14
　　2.3　旋转和翻转图像 ··· 15
　　2.4　存储和关闭图像 ··· 16
　项目实现 ·· 17
　项目拓展 ·· 18
　项目习题 ·· 19

项目 3　风景照人物的添加 ···································· 20
　项目任务 ·· 20
　项目要点 ·· 20
　项目准备 ·· 20
　　3.1　认识选区 ·· 20
　　3.2　使用选框工具绘制选区 ······························· 21
　　3.3　使用套索工具绘制选区 ······························· 24
　　3.4　使用魔棒工具绘制选区 ······························· 25
　　3.5　使用【色彩范围】命令绘制选区 ················· 27
　　3.6　选区的修改与变换 ······································ 28
　　3.7　选区的存储与载入 ······································ 30
　项目实现 ·· 31
　项目拓展 ·· 32
　项目习题 ·· 34

项目 4　图片背景的修改 ·· 35
　项目任务 ·· 35
　项目要点 ·· 35
　项目准备 ·· 35
　　4.1　画笔工具的使用 ··· 35
　　4.2　形状工具的使用 ··· 37
　　4.3　渐变工具的使用 ··· 40
　项目实现 ·· 43
　项目拓展 ·· 43
　项目习题 ·· 44

项目 5　包装盒的设计 ·· 46
　项目任务 ·· 46
　项目要点 ·· 46
　项目准备 ·· 46
　　5.1　编辑图像 ·· 46
　　5.2　修饰图像 ·· 49
　　5.3　撤消与重做操作 ··· 55
　项目实现 ·· 56
　项目拓展 ·· 56
　项目习题 ·· 58

项目 6　照片色彩的调整 ·· 59
　项目任务 ·· 59
　项目要点 ·· 59
　项目准备 ·· 59
　　6.1　调整图像全局色彩 ····································· 59
　　6.2　调整图像局部色彩 ····································· 68
　　6.3　分离图像色彩 ··· 73
　项目实现 ·· 75
　项目拓展 ·· 76
　项目习题 ·· 78

项目 7　橱窗广告的设计 79
项目任务 79
项目要点 79
项目准备 79
7.1　认识图层 79
7.2　图层的基本操作 81
7.3　添加图层样式 88
项目实现 92
项目拓展 93
项目习题 95

项目 8　自荐材料封面的设计 97
项目任务 97
项目要点 97
项目准备 97
8.1　文本的输入 97
8.2　文本的编辑 99
8.3　创建文字选区 104
项目实现 104
项目拓展 105
项目习题 107

项目 9　个性化名片的设计 108
项目任务 108
项目要点 108
项目准备 108
9.1　认识路径 108
9.2　路径的绘制与编辑 109
9.3　路径的基本操作 114
9.4　路径的应用 114
项目实现 116
项目拓展 117
项目习题 119

项目 10　透视效果图片的合成 120
项目任务 120
项目要点 120
项目准备 120
10.1　滤镜作用范围 121
10.2　滤镜使用方法 121
10.3　实用滤镜 121
项目实现 130
项目拓展 131
项目习题 132

项目 11　节日贺卡的设计 133
项目任务 133
项目要点 133
项目准备 133
11.1　图层的混合 133
11.2　图层的调整 144
11.3　图层组 145
项目实现 147
项目拓展 148
项目习题 150

项目 12　物品图片的合成 151
项目任务 151
项目要点 151
项目准备 151
12.1　基本概述 151
12.2　通道的基本操作 152
12.3　蒙版的基本操作 156
项目实现 159
项目拓展 160
项目习题 161

项目 13　水中倒影的制作 163
项目任务 163
项目要点 163
项目准备 163
13.1　滤镜库的设置与应用 163
13.2　其他滤镜的设置与应用 181
项目实现 189
项目拓展 190
项目习题 190

项目 14　企业文字 LOGO 的设计 192
项目任务 192
项目要点 192
项目准备 192
14.1　常见文字特效制作 192
14.2　常见纹理特效制作 200
项目实现 206
项目拓展 207
项目习题 209

项目 15　旧照片的翻新 210
项目任务 210

项目要点 ·································· 210
　　项目准备 ·································· 210
　　　15.1　照片处理高级技巧 ············ 210
　　　15.2　图像处理高级技巧 ············ 218
　　项目实现 ·································· 223
　　项目拓展 ·································· 224
　　项目习题 ·································· 226
项目 16　多素材的高效处理 ············ 227
　　项目任务 ·································· 227

　　项目要点 ·································· 227
　　项目准备 ·································· 227
　　　16.1　动作的应用 ···················· 227
　　　16.2　自动批处理图像 ·············· 231
　　项目实现 ·································· 236
　　项目拓展 ·································· 237
　　项目习题 ·································· 240
附录 ·· 241
参考文献 ······································ 242

项目 1 信笺的设计

项目任务

暑期小李到经典广告公司实习,今天的任务是为邗城职业技术学院中外合作中心设计信笺,要求信笺页眉处有学院的 LOGO 和学院的英文名称(现有的 LOGO 为 100mm×100mm 的纸质图案)。要完成此项目任务,小李需要在个人工作用计算机上安装 Photoshop CS6 软件,通过图像输入工具将纸质 LOGO 进行数字化处理,然后使用 Photoshop CS6 调整 LOGO 的大小,再在 Word 中设计好信笺,最后将设计效果图输出。

项目要点

- Photoshop CS6 的工作界面
- 像素和分辨率
- 图像色彩模式
- 图像与画布
- 图像输入输出常用工具

项目准备

1.1 Photoshop CS6 的工作界面

根据 Photoshop CS6 安装软件下的安装说明安装好 Photoshop CS6,启动系统后任意打开一幅图像,其工作界面如图 1.1 所示。

图 1.1 Photoshop CS6 工作界面

通过图 1.1 可以看出，Photoshop CS6 的工作界面主要由菜单栏、工具箱、工具属性栏、控制面板、图像窗口和状态栏等组成。下面分别介绍工作界面中各个部分的简要功能及其使用方法。

1.1.1 菜单栏

菜单栏位于 Photoshop CS6 工作界面的最上端，它相当于低版本 Photoshop 中标题栏和菜单栏的集合体，其右侧有最小化、还原和关闭按钮，用于调整或关闭工作界面。

菜单栏是 Photoshop CS6 中各种应用命令的集合处，从左到右依次为文件、编辑、图像、图层、文字、选择、滤镜、3D、视图、窗口和帮助 11 个菜单。这些菜单下集合了上百个菜单命令，只需要了解每一个菜单中命令的特点，通过这些特点就能够掌握这些菜单命令的使用。

Photoshop CS6 中菜单的使用方法与其他应用软件中菜单的使用方法相同，可以通过鼠标先单击菜单项，然后在弹出的菜单或子菜单中选择菜单命令即可。为提高工作效率，也可以通过快捷键进行操作。Photoshop CS6 中为许多常用菜单设置了快捷键，如图 1.2 所示。

图 1.2　文件菜单

1.1.2 工具箱

工具箱中集合了图像处理过程中使用最为频繁的工具，使用它们可以进行绘制图像、修饰图像、创建选区以及调整图像的显示比例等。它的默认位置位于工作界面的左侧，通过拖动其顶部可以将其放到工作界面上的任意位置，如图 1.3 所示。

工具箱的顶部有一个双箭头的折叠按钮，单击此按钮可以将工具箱中的工具以紧凑型或单列型排列。

要选择工具箱中的工具，只需要单击该工具对应的图标按钮即可。有部分工具按钮的右下角有一个黑色的小三角，这表示该工具位于一个工作组中，其下还有一些隐藏的工具。在该工具按钮上按住鼠标左键不放或单击右键，可以显示该工具组中隐藏的工具，如图 1.4 所示。

图 1.3　折叠显示的工具箱

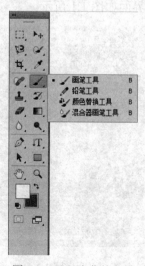

图 1.4　显示隐藏的工具

1.1.3 工具属性栏

在工具箱中选择某个工具后,菜单栏的下方就会显示一个对应的工具属性栏。工具属性栏中显示有当前工具对应的属性和参数,用户可以通过设置这些参数来调整工具的属性。

在工具箱中选择不同的工具后,工具属性栏中的各参数也会随当前工具的改变而变化,图 1.5 显示的是选择矩形选框工具后工具属性栏的效果。

图 1.5　矩形选框工具对应的工具属性栏

1.1.4 控制面板

控制面板是在 Photoshop CS6 中进行选择颜色、编辑图层、新建通道、编辑路径和撤销编辑等操作的主要功能面板,也是工作界面中非常重要的一个组成部分,如图 1.6 所示。

Photoshop CS6 中可使用的控制面板不只是显示在工作界面中的三组控制面板。单击控制面板区右上角的扩展按钮,可以打开隐藏的控制面板组。当然,如果想尽可能多地显示工作区,也可以将打开的控制面板折叠起来。

控制面板组并不是固定的,可以对其进行任意拆分和组合。

图 1.6　导航器的控制面板

1.1.5 图像窗口

图像窗口是对图像进行浏览和编辑操作的主要场所,它占据了 Photoshop CS6 工作界面的主要部分。图像窗口的标题栏主要显示当前图像文件的文件名和文件格式、显示比例以及图像色彩模式等信息。

1.1.6 状态栏

状态栏位于图像窗口的底部,最左端显示当前窗口的显示比例,在其中输入数值按回车键后可以改变图像的显示比例;中间部分显示当前图像文件的大小;右端显示当前所选工具及正在进行的操作的功能和作用等,如图 1.7 所示。

图 1.7　状态栏

1.2　像素和分辨率

Photoshop CS6 的图像是基于位图格式的,而位图图像的基本单位是像素,因此在创建位图图像时必须为其指定分辨率的大小。图像的像素和分辨率均能体现图像的清晰程度。

1.2.1 像素

像素由英文单词 Pixel 翻译而来,它是构成图像的最小单位,是位图中的一个小方格。如果将一幅位图看成是由无数个点构成的话,每个点就是一个像素。同样大小的一幅图像,像素越多的图像就越清晰，效果就越逼真。图 1.8 所示为 100%显示的图像，当将其放大显示到足够大的比例时就可以看见其构成图像的方格状像素，如图 1.9 所示。

图 1.8　100%显示的图像

图 1.9　局部放大后显示的像素

1.2.2　分辨率

分辨率是指单位长度上的像素数目。单位长度上像素越多，分辨率就越高，图像就越清晰，所需的存储空间也就越大。分辨率可分为图像分辨率、打印分辨率和屏幕分辨率等。

（1）图像分辨率

图像分辨率用于确定图像的像素数目，其单位有"像素/in"和"像素/cm"。例如一幅图像的分辨率为 500 像素/in，就表示该图像中每英寸包含 500 个像素点。

（2）打印分辨率

打印分辨率又叫输出分辨率，指绘图仪、激光打印机等输出设备在输出图像时每英寸所产生的墨点数。如果使用与打印机输出分辨率成正比的图像分辨率，就能产生较好的图像输出效果。

（3）屏幕分辨率

屏幕分辨率是指显示器上每单位长度显示的像素或点的数目，单位是"点/in"。如 80 点/in 表示显示器上每英寸包含 80 个点。屏幕分辨率的数值越大，图像显示就越清晰，普通显示器的典型分辨率约为 96 点/in。

1.3　图像色彩模式

在 Photoshop CS6 中，了解色彩模式的概念很重要。因为色彩模式决定显示和打印电子图像时采用的模型，即一幅电子图像用什么样的方式在计算机中显示或打印输出。

1.3.1　常用的色彩模式

常用的色彩模式有 RGB 模式、CMYK 模式、HSB 模式、Lab 模式、灰度模式、索引模式、位图模式和多通道模式等。色彩模式除了确定图像中能显示的颜色数之外，还影响图像通道数和文件的大小，每个图像具有一个或多个通道，每个通道存放着图像中颜色元素的信息。

（1）RGB 模式

该模式是由红、绿和蓝 3 种颜色按不同的比例混合而成的，也称为真彩色模式，是最为常见的一种色彩模式。【颜色】控制面板中显示的信息如图 1.10 所示。

(2) CMYK 模式

CMYK 模式是印刷时使用的一种色彩模式，由 Cyan（青）、Magenta（洋红）、Yellow（黄）和 Black（黑）4 种色彩组成。根据色彩构成原理，RGB 色彩模式是一种加色模式，即由红、绿、蓝相互叠加可以形成其他的颜色。在介质上印刷时，我们所见到的颜色是光线在物体上反射后的颜色，也就是没有被介质吸收的那部分光的颜色，它是减色模式。印刷时必须采用减色模式，才能做到色彩的完全一致。

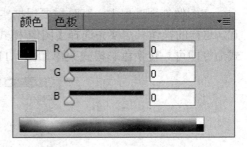

图 1.10　RGB 模式所对应的【颜色】控制面板

按照这一原理在 RGB 模式的基础上演变出了 CMYK 模式。CMYK 即代表印刷上的 4 种油墨色，因为前三种在实际应用中很难形成真正的黑色，最多不过是褐色，因此又引入了 K——黑色。

(3) HSB 模式

HSB 模式是基于人眼对色彩的观察来定义的，所有的颜色都是由色相、饱和度和亮度来描述的。色相指颜色的主波长的属性，不同波长的可见光具有不同的颜色，众多波长不同的光以不同的比例混合可以产生不同颜色的光。饱和度表示颜色的纯度，即色相中灰色成分所占的比例。在最大饱和度时，每一色相具有最纯的色光。亮度是色彩的明亮程度，0%时表示黑色，100%时表示白色，范围为 0%~100%。

(4) Lab 模式

Lab 模式是国际照明委员会发布的一种色彩模式，由 RGB 三基色转换而来。其中 L 表示图像的亮度；a 表示由绿色到红色的光谱变化；b 表示由蓝色到黄色的光谱变化。

(5) 灰度模式

这种模式中只有灰度颜色而没有彩色。在灰度模式图像中，每个像素都有一个 0(黑色)~255（白色）之间的亮度值。当一个彩色图像转换为灰度模式时，图像中的色相及饱和度等有关色彩信息全部被消除掉，只留下亮度值。

(6) 索引模式

这种模式是系统预先定义好一个含有 256 种颜色的颜色对照表。当图像转换为索引模式时，系统会将图像的所有色彩映射到颜色对照表中，图像的所有颜色将在它的图像文件中定义。当打开该图像文件时，构成该图像的具体颜色的索引值将被载入，然后根据颜色对照表找到最终的颜色值。采用此模式的图像所占存储空间较小。

(7) 位图模式

这是只由黑、白两种颜色来表示图像的色彩模式。只有处于灰度模式和多通道模式下的图像才能转化为位图模式。

(8) 多通道模式

在多通道模式下，图像包含了多种灰阶通道。将图像转换为多通道模式后，系统将根据原图像产生相同数目的新通道，每个通道均由 256 级灰阶组成。在进行特殊打印时，多通道模式十分有用。

当将 RGB 色彩模式或 CMYK 色彩模式的图像中任何一个通道删除时，图像模式会自动变为多通道色彩模式。

1.3.2 色彩模式的转换

在图像处理过程中，有时需要根据实际情况将图像当前的色彩模式转换成另一种色彩模式。这样的操作只需要先选择【图像/模式】菜单命令，然后在弹出的子菜单中选择相应的模式命令即可。转换色彩模式菜单如图 1.11 所示。

图 1.11 转换命令模式菜单

1.4 位图与矢量图

计算机中的图形图像主要分为位图和矢量图两种类型。

1.4.1 位图

位图也称为点阵图或像素图，由像素构成。如果此类图像放大到一定的程度，就会发现它是由一个个像素组成的。位图图像质量由分辨率决定，单位面积内的像素越多，分辨率越高，图像的质量也应越好。

用于彩色印刷品的图像需要设置为 300 像素/in 左右，印出的图像才不会缺少平滑的颜色过渡。

1.4.2 矢量图

矢量图是由 CorelDRAW、AutoCAD 等图形软件产生的，它由一些用数学方式描述的曲线组成，其基本组成单元是锚点和路径。无论放大或缩小多少倍，它的边缘都是平滑的，尤其适合于制作企业 LOGO 标志。矢量图占用的存储空间较小，但是色彩表现力逊于位图。

1.5 图像和画布的大小

在平面处理过程中，任何图像都具有宽度和高度，它们取决于画布的大小并决定着图像的大小。我们可以将画布理解为绘画时的画板上的绘画纸，而图像则是在画板中的绘画纸上所作的图画。

1.5.1 图像的大小

单击菜单栏中【图像】菜单项或右键单击图像窗口顶部的标题栏，在弹出的菜单中选择【图像大小】命令，在【图像大小】对话框中可以查看当前图像的大小，如图 1.12 所示。

如果需要调整图像的大小，只要在【像素大小】栏或【文档大小】栏对应的【宽度】或【高度】数值框中输入相应的数值即可。

1.5.2 画布的大小

图像画布尺寸指的是当前图像周围工作空间的大小，如果画布的尺寸小于当前图像的尺寸，那么图像将不能全部被显示出来。单击菜单栏中【图像】菜单项或右键单击图像窗口顶部的标题栏，在弹出的菜单中选择【画布大小】命令，在【画布大小】对话框中可以查看当前画布的大小，如图1.13所示。如果需要调整画布的大小，只要在【新建大小】栏对应的【宽度】或【高度】数值框中输入相应的数值即可。

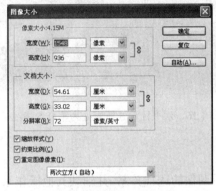 

图 1.12　【图像大小】对话框　　　　图 1.13　【画布大小】对话框

1.6　辅　助　工　具

在图像处理过程中，利用辅助工具可以使处理的图像更加精确。辅助工具主要包括标尺、参考线和网格。

1.6.1 标尺

选择【视图/标尺】菜单命令或按 Ctrl+R 键，可以在图像窗口顶部和左侧分别显示水平和垂直标尺。在标尺上按鼠标右键，在弹出的快捷菜单中可以更改标尺的单位，系统默认单位是厘米，如图1.14所示。

图 1.14　显示标尺与设置标尺单位

1.6.2 参考线

参考线是浮动在图像上的直线，分为水平参考线和垂直参考线，它们只是用于给设计者提供位置参考，不会被打印出来。要利用参考线辅助绘图，其前提是先创建参考线。创建方法如图 1.15 和图 1.16 所示。

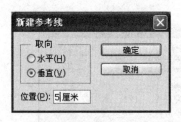

图 1.15 【新建参考线】对话框　　　　图 1.16 水平标尺 5 厘米处为垂直参考线

1.6.3 网格

Photoshop CS6 中网格的主要用途是用来查看图像的透视关系，并辅助其他操作来纠正错误的透视关系。

可以通过单击【视图/显示/网格】菜单命令来显示或去除网格，操作如图 1.17 所示。

图 1.17 网格的显示与去除

1.7 图像输入常用工具

图像的输入指将模拟量的图像素材通过数字化处理后存储起来。只有数字化后，图像才能在计算机中进行处理。常用的图像输入工具有扫描仪和数码相机。

1.7.1 扫描仪

扫描仪是一种常用的图像输入工具，通过扫描仪获取图像是收集素材图像的一种常用方法。扫描仪在使用前应通过数据线连接到电脑上，然后在电脑中为其安装应用软件。不同的扫描仪具有不同的应用软件,所以扫描过程也不尽相同,以下是几种不同规格的扫描仪(见图1.18～图1.20)。

图1.18　手持式扫描仪　　　　　图1.19　平板扫描仪　　　　　图1.20　大幅面扫描仪

1.7.2　数码相机

数码相机是目前较为流行的一种高效获取图像素材的工具,它具有数字化的存取功能,并可以与电脑进行数字信息交换。通过数码相机可以随心所欲地拍摄景物、实体等各种素材照片,然后直接输入到Photoshop中对其进行处理。图1.21及图1.22是一种专业级数码相机的图片。

图1.21　数码相机的背面　　　　　　　　图1.22　数码相机的正面

1.8　图像输出常用工具

图像除了在计算机的显示器中显示输出外,常见是通过打印机打印输出。用于图像输出的打印机常用的主要有喷墨打印机和激光打印机。

1.8.1　喷墨打印机

喷墨打印机在工作时将墨盒中的墨水经过压电式技术或者热喷式技术后,最终将不同的颜色喷射到一个尽可能小的点上,而大量这样的点便形成了不同的图案和图像。图1.23是一款大幅面喷墨打印机,俗称写真机。

1.8.2　激光打印机

无论是黑白激光打印机还是彩色激光打印机,其基本工作原理是相同的,它们都采用了类似复印机的静电照相技术,将打印内容转变为感光鼓上的以像素点为单位的点阵位图图像,再转印到打印纸上形成打印内容。与复印机唯一不同的是光源,复印机采用的是普通白色光源,而激光打印机则采用的是激光束,彩色激光打印机如图1.24所示。

图 1.23　写真机　　　　　　　　　　图 1.24　彩色激光打印机

项目实现

暑期小李到经典广告公司实习,今天的任务是为邢城职业技术学院(简称 HC)中外合作中心设计信笺,要求信笺页眉处有学院的 LOGO 和学院的英文名称(现有的 LOGO 为 100mm×100mm 的纸质图案)。对于项目任务,小李是这样去完成的。

步骤一:在个人工作电脑上安装上 Photoshop CS6;

步骤二:用数码相机拍摄纸质 LOGO,实现 LOGO 的数字化,取出数码相机的存储卡,通过读卡器将 LOGO 文件拷贝到电脑中的【我的文档】文件夹中,并取名为"logo.gif";

步骤三:启动 Photoshop CS6,通过单击【文件/打开】菜单命令,打开文件 logo.gif,通过单击【图像/图像大小】菜单命令,打开【图像大小】对话框,调整图像的大小为 200×200 像素,图 1.25 为调整后的 LOGO 图;

步骤四:打开 Word 软件,新建一空白文档,设置其页眉。分别插入邢城职业技术学院的 LOGO 和英文名称。由于经典广告公司崇尚作品风格简洁,加上客户对信笺无特殊要

图 1.25　HC 的 LOGO

求,所以小李初步设计没有加上其他元素,将初步设计的效果保存为文件"zq.doc"并保存在【我的文档】文件夹中。初步设计效果如图 1.26 所示。

 Hancheng Polytechnic Institute

图 1.26　信笺设计初步效果图

步骤五:将个人工作电脑连接上彩色喷墨打印机,打印初步设计效果图的样张,以便征

求客户意见。

项目拓展

一、改变界面外观颜色

Photoshop CS6 启动后，界面外观默认深黑色，更显艺术化。为顾及受众个性化需要，系统提供了四个色调供使用者选择。若想改变界面外观颜色，其操作顺序如下。

步骤一：单击【编辑/首选项/界面】菜单命令，打开【首选项】对话框，如图1.27所示；

步骤二：选择【外观】栏目中的四种颜色选项，即可得到对应的界面外观颜色。

二、设置参考线的颜色和样式

Photoshop CS6 中默认的参考线颜色为"青色"、样式为"直线"，此方案在实际应用时易引起使用者眼花。对于在平面设计过程中经常使用参考线的设计者，可以选择适合自身习惯的参考线颜色。设置方法和修改界面外观颜色一样，只要在【首选项】对话框中选择【参考线、网格和切片】选项，即可以通过对应的栏目修改参考线的颜色和样式了。

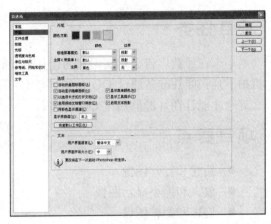

图 1.27 【首选项】对话框

项目习题

一、选择题

1. 在 Photoshop CS6 中，像素的形状只有可能是（   ）。
   A. 矩形   B. 正方形   C. 圆形
2. 下列哪些软件的主要用途是产生像素图？（   ）
   A. Adobe Illustrator   B. Adobe Photoshop
   C. Macromedia Freehand   D. Corel Painter
3. 在 Photoshop 中，下列哪种图像色彩模式可以支持 48 位的色彩深度？（   ）
   A. 索引色   B. 灰度   C. RGB   D. CMYK
4. 在 RGB 模式的图像中每个像素的颜色值都由 R、G、B 这 3 个数值来决定，每个数值的范围都是 0～255。当 R、G、B 数值相等且均为 255 或 0 时，最终的颜色分别是（   ）。
   A. 灰色、纯白色、纯黑色   B. 偏色的灰色、纯白色、纯黑色
   C. 灰色、纯黑色、纯白色   D. 偏色的灰色、纯黑色、纯白色
5. 在 8 位/通道的灰度图像中最多可以包含（   ）种颜色信息。
   A. 1   B. 2   C. 256   D. 不确定

二、操作题

用数码相机拍摄 5 张风景照，上传到个人电脑中。用 Photoshop CS6 将图片大小修改为宽度为 300 像素（高度没有具体的要求，请保持纵横比，以免图像变形失真），并通过 E-mail 发送到老师提供的作业信箱中。

项目 2 图片格式的调整

项目任务

小李在经典广告公司实习，为让几个要好的同学能够知道自己实习的情况，她用数码相机拍了几张照片准备通过 QQ 传给同学。可是拍出来的图片太大，QQ 无法传送，小李该怎么处理才能让图片能够通过 QQ 传递？

项目要点

- 新建和打开图像
- 放大和缩小显示图像
- 旋转和翻转图像
- 存储和关闭图像

项目准备

2.1 新建和打开图像

如果要在一个空白图像中绘制图像，应先在 Photoshop CS6 中新建一个图像文件；如果要对已存在的照片或图像进行修改或处理，则需要先将其打开。

2.1.1 新建图像

新建图像是使用 Photoshop CS6 进行图形图像处理的第一步，类似于铺好绘图纸准备绘图一样。在 Photoshop CS6 中，新建图像的操作步骤如下。

步骤一：选择【文件/新建】菜单命令或 Ctrl+N 键，打开【新建】对话框；

步骤二：在【名称】文本框中输入新建图像的名称；在【宽度】和【高度】数值框中设置图像的尺寸；在【分辨率】数值框中设置图像的分辨率大小；在【颜色模式】列表框中设置图像色彩模式；在【背景内容】列表框中选择图像显示的背景颜色。注意设置图像属性数值时所使用的单位，如图 2.1 所示；

步骤三：单击【确定】按钮，新建的图像如图 2.2 所示。

2.1.2 打开单个图像

要打开已存在的图像，其操作步骤如下：

步骤一：选择【文件/打开】菜单命令或按 Ctrl+O 键，打开【打开】对话框；

步骤二：在打开的对话框中设置好要打开的图像所在的路径和文件类型，并选择要打开的图像文件，如图 2.3 所示；

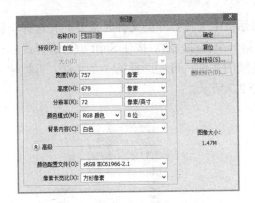
图 2.1 【新建】对话框

图 2.2 新建的图像

步骤三：单击【打开】按钮，即可打开所选择的图像，如图 2.4 所示。

图 2.3 【打开】对话框

图 2.4 打开后的图像

2.1.3 打开多个图像

Photoshop CS6 支持同时打开多个图像文件。当同时打开多个图像时，图像窗口会以卡片陈列方式进行显示，如图 2.5 所示。此时可以通过【窗口/排列】菜单操作来规范图像的呈现方式，以美化工作界面，方便编辑操作。

图 2.5 卡片陈列方式显示的多个图像

要同时打开多个图像文件，在【打开】对话框中选择打开的文件时需要同时选择全部打开的文件。如果是连续的多个文件，可先选择第一个文件，然后按住 Shift 键再选择最后一个文件即可，如图 2.6 所示。如果选择的不是连续的文件，可先选择第一个文件，再按住 Ctrl 键选择其余的即可，排列图像的操作菜单如图 2.7 所示。

图 2.6　连续多个文件的同时选择　　　　　图 2.7　排列图像的操作菜单

进行多个图像排列的方式除以卡片方式陈列外常用的有两种：一是水平平铺排列，如图 2.8 所示为"双联水平"；二是垂直平铺排列，如图 2.9 所示为"双联垂直"。操作方法是：选择【窗口/排列】菜单命令，在下级子菜单中根据需要选择样式菜单项即可。

图 2.8　双联水平平铺排列　　　　　　　图 2.9　双联垂直平铺排列

2.2　放大和缩小显示图像

如果编辑图像时，图像显示的大小并不合适，可以放大或缩小显示的图像，以方便操作。缩放图像可以通过状态栏、"导航器"控制面板和缩放工具来实现。

2.2.1 通过状态栏缩放图像

当新建或打开一个图像时，该图像所在的图像窗口底部状态栏下的左侧数值框中便会显示当前图像的显示百分比，如图 2.10 所示。当改变该数值并按回车键后就可以实现图像的缩放。

2.2.2 通过【导航器】控制面板缩放图像

新建或要打开一个图像时，工作界面的右侧的【导航器】控制面板就会显示当前图像的预览效果，如图 2.10 所示。左右拖动【导航器】控制面板底部滑条上的滑块，就可实现图像的缩小与放大显示。

2.2.3 通过缩放工具缩放图像

通过工具箱中的缩放工具进行图像的放大与缩小是大部分用户所常用的方法，其操作步骤如下。

步骤一：在工作界面左侧的工具箱中选择缩放工具（外观为放大镜），此时鼠标形状呈放大镜状显示，内部还有一个【+】；

步骤二：单击鼠标，图像会根据当前图像的显示大小进行放大，图 2.11 即为图 2.10 局部放大后的效果，如果当前显示比例为 100%，则每单击一次将放大一倍；

图 2.10 【导航器】控制面板　　　　图 2.11 放大显示图像

步骤三：按住 Alt 键或在菜单栏下的工具选项栏中选择【缩小镜】按钮，此时鼠标光标内部的【+】就会变成【–】，单击鼠标，图像将被缩小显示。

2.3 旋转和翻转图像

在用数码相机拍照时，如果景物比较高大，通常将相机旋转 90°后进行拍摄。在处理图片时，必须反方向旋转相应角度后才符合人们的观赏习惯。在进行平面设计时，对于对称的图形，可以在获得部分图案的基础上通过翻转而获得另一部分图案。图像的旋转和翻转是通过使用【图像/图像旋转】中对应的菜单命令实现的。

2.3.1 旋转图像

步骤一：打开素材图像，如图 2.12 所示；

步骤二：选择【图像/图像旋转/90 度（逆时针）】菜单；

步骤三：单击菜单命令后，图像将按逆时针旋转 90°，效果如图 2.13 所示。

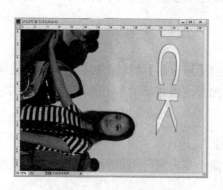 

图 2.12　旋转前的素材图像　　　　　图 2.13　旋转后的图像效果

2.3.2　翻转图像

步骤一：打开素材图像，如图 2.14 所示；

步骤二：选择【图像/图像旋转/水平翻转画布】菜单；

步骤三：单击菜单命令后，图像将按水平方向翻转，效果如图 2.15 所示。

图 2.14　翻转前的素材图像　　　　　图 2.15　水平翻转后的图像效果

2.4　存储和关闭图像

图像处理完成后，需要保存对图像编辑的结果，则要用到存储图像功能；如果对图像操作结束了，则需要关闭图像。

2.4.1　存储图像

要存储图像，只需选择【文件/存储为】菜单命令，打开【存储为】对话框，在【保存在】下拉列表框中设置好文件存储的路径，在【文件名】文本框中输入文件名，在【格式】下拉列表框中设置好文件存储的类型，然后单击【保存】按钮即可，如图 2.16 所示。

图 2.16 【存储为】对话框

常用图像文件的格式有以下几种：

➢ PSD　它是 Photoshop 特有的图像文件格式，可包括图层、通道、颜色模式等信息，文件的容量较大，文件存储时占用的空间较大；

➢ BMP　它是一种与设备无关的图像文件格式，它是标准的 Windows 和 OS/2 的图像文件格式，可对图像进行无损压缩，最高可支持 24 位的颜色深度，色彩表现力较好，文件存储时占用的空间较大；

➢ JPEG　它是一种有损的文件压缩格式，压缩率高，文件存储时占用的空间较小，一般用于图像的预览和 HTML 网页，目前数码相机通常用此格式存储照片；

➢ GIF　由 CompServe 提供的一种图像格式，色彩模式为索引模式，支持 8 位的图像文件，压缩率极高，文件容量较小，广泛用于通信领域和 HTML 网页文档之中。

2.4.2　关闭图像

图像处理完成后，应立即将其关闭，以免占用内存资源，或遇忽然停电等意外情况造成对图像文件的损坏。关闭图像文件的方法有以下几种：

➢ 单击图像窗口标题栏中最右端的【关闭】按钮；
➢ 选择【文件/关闭】菜单命令；
➢ 按 Ctrl+W 键；
➢ 按 Ctrl+F4 键。

项目实现

小李在经典广告公司实习，为让几个要好的同学能够知道自己实习的情况，她用公司的数码相机拍了几张照片准备通过 QQ 传给同学。因为相机分辨率为 1200 万像素，拍出来的图片太大，QQ 无法传送。为让同学了解自己的实习状况，小李是按以下步骤对相片进行处理，从而完成项目任务的。

步骤一：先用相机拍摄了五张工作照片，并通过数据线下载到个人工作用电脑中，存放在【我的文档】文件夹中；

步骤二：启动 Photoshop CS6，同时打开刚拍的 5 张照片，采用水平平铺的方式将照片在工作界面上显示；

步骤三：调整照片的大小，将所有照片的宽度像素值设定为 450，锁定纵横比，防止照片改变大小时变形；

步骤四：将编辑好的照片另外进行保存，在【我的文档】中新建【工作照】文件夹，为进一步缩小照片的容量，存储照片时选择文件格式为 GIF；

步骤五：编辑完成后关闭图像文件，退出 Photoshop CS6。这样处理后的工作照就可以通过 QQ 发送和同学分享了。

项目拓展

使用 Adobe Bridge CS6 管理图像

Adobe Bridge 功能非常强大，可用于组织、浏览和寻找所需的图形图像文件资源，使用 Adobe Bridge 可以直接浏览操作 PSD、AI 和 PDF 等格式的文件。Adobe Bridge 既可以独立使用，也可以从 Photoshop CS6 等 Adobe 系列软件中启动。在 Photoshop CS6 中通过【文件/在 Bridge 中浏览】就可以启动 Adobe Bridge，其工作界面如图 2.17 所示。

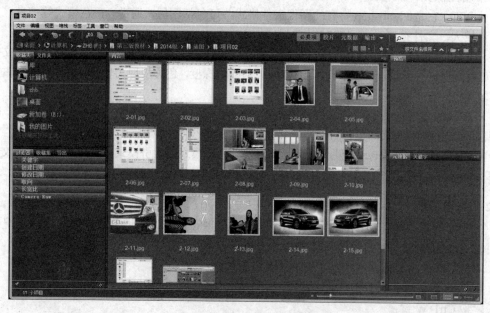

图 2.17　Adobe Bridge 工作界面

Adobe Bridge 的功能：

● Bridge 提供多种文件查看模式，提供类似 Windows 资源管理器的硬盘结构目录，或者也可以自己定义收藏文件夹以快速打开。

● 在 Bridge 中可以预览到绝大部分的常用设计文件格式（需要安装对应的软件）。如 Adobe 的平面、网页、视频设计格式；Autodesk 的 CAD、三维设计格式；各种常见的视频格式（需要安装对应的解码器）等。
- Bridge 有非常方便的过滤器，可以快速筛选出需要的文件类型。人们可以利用关键字、创建时间、修改时间、文件格式等条件来快速筛选出所需要的文件。所以文件信息越全，查找起来也越方便。
- Bridge 也可以像 Ituns 一样设置文件的星级和颜色标签，所有的一切都是为了更好的管理、查找、选择文件。
- 在 Bridge 中查找到的文件，可以通过自带的命令快速跳转到 Adobe 的其他设计软件中。可以直接对文件执行"复制到"、"移动到"，甚至于"导入到"某个文件中。
- Bridge 提供了部分软件的命令，特别是 Photoshop。Bridge 中包含了 PS 许多的命令，用户选中图片后可以直接执行，而不需要跳转到 PS 中去执行。
- 对于摄影师来说，Bridge 也相当于一个简化的 Lightroom，提供了照片管理、查找、预览以及最重要的数字底片编辑。借助随着 PS 和 AE 附带安装的插件 Camera Raw、Bridge，也可以简单编辑数字底片。
- Adobe 的设计软件会将颜色信息嵌入再设计文件中，但是不同的软件颜色设置可能不同。如果安装的是套包，就可以使用 CS 套装颜色统一设置，可以统一每个软件的颜色配置，方便在各个软件中交流和各种用途的输出。
- Pridge 可以帮助用户将外接设备中的图片按照设置分类导入电脑中。

项目习题

一、选择题

1. 下列关于 JPEG 格式说法不正确的一项是（　　）。
   A. 该格式的颜色模式可以是 RGB　　B. 该格式的颜色模式不可能是位图模式
   C. 该格式是有损的压缩模式　　　　D. 该格式可以用于网页中
2. 关于 PSD 格式下列说法不正确的一项是（　　）。
   A. 该模式可以存储图像的图层信息　　B. 该格式可以存储图像的路径信息
   C. 该格式可以存储图像的通道信息　　D. 该格式可以存储图像的历史记录信息
3. 为了使图像能在多种平台中显示，其颜色都尽量保持一致，那么（　　）。
   A. 将该图像存储为 PSD 格式　　　　B. 将该图像存储为 BMP 格式
   C. 将该图像存储为 JPEG 格式　　　 D. 将该图像在存储时嵌入 ICC 配置文件

二、操作题

1. 用数码相机拍摄 5 张个人学习生活照，上传到个人电脑中。用 Photoshop CS6 将图片大小修改为宽度为 450 像素，保存文件时采用 GIF 格式。通过 QQ 发送给原来的同学或朋友分享，同时选择 1 张自认为最好的照片，发送到现在班级 QQ 群中。
2. 在网上下载一张个人正面标准照，通过水平翻转其半个面庞，观察人的面孔左右对称度。

项目3 风景照人物的添加

项目任务

小李是邗城职业技术学院大一的学生,她有一位高中的同学在哈尔滨读大学,她的同学听说邗城职业技术学院的校园非常漂亮,希望小李发几张校园生活照给她。可是小李现在手上没有合适的照片,小李是怎样去完成这个似乎不可能完成的任务的呢?

项目要点

- 认识选区
- 使用选框工具绘制选区
- 使用套索工具绘制选区
- 使用魔棒工具绘制选区
- 使用【色彩范围】命令绘制选区
- 选区的修改与变换
- 选区的存储与载入
- 选区的描边与填充

项目准备

3.1 认 识 选 区

通过 Photoshop CS6 进行平面设计,首先必须明白什么是选区,它在设计过程中的作用是什么?

3.1.1 选区的概念

选区是通过各种选区绘制工具在图像中提取的全部或部分图像区域,在图像中呈流动的蚂蚁爬行状显示,如图 3.1 所示。由于图像是由像素构成的,所以选区也是由像素组成的。像素是构成图像的基本单位,不能再分,故选区至少包含一个像素。

3.1.2 选区的作用

选区在图像处理时起着保护选区外图像的作用,约束各种操作只对选区内的图像有效,防止选区外的图像受到影响。

图 3.1 选区在图像中显示的效果

3.2 使用选框工具绘制选区

利用选框工具绘制选区是图像处理过程中使用最为频繁的方法，通过它们可绘制出规则的矩形或圆形选区。它们都位于工具箱中，分别为矩形选框工具、椭圆选框工具、单行选框工具和单列选框工具，如图 3.2 所示。

3.2.1 绘制矩形选区

在选框工具栏中选择其中一个工具，位于工作界面上部的工具属性栏的内容会发生相应的变化。当选择矩形选框工具时，工具属性栏如图 3.3 所示。

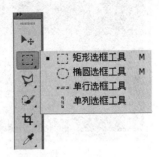

图 3.2　工具箱中的 4 个选框工具

图 3.3　选框工具属性栏

（1）自由绘制矩形选区

所谓绘制自由矩形选区，是指在系统默认的参数设置下绘制具有任意长度和宽度的矩形选区，这是较为常用的一种做法。

（2）绘制具有固定大小的矩形选区

通过矩形选框工具可以绘制具有固定长度和宽度的矩形选区，这在一些要求精确的平面设计作品中非常实用。在选框工具属性栏的【样式】下拉列表框中选择【固定大小】项，然后在其右侧的【宽度】和【高度】数值框中输入固定选区的【宽度】和【高度】值，再在图像窗口中单击即可完成固定大小选区的绘制。如果要绘制只有一个像素大小的选区，只需要在工具属性栏中将【宽度】和【高度】的数值设置为 1px 即可。

（3）绘制具有长宽比的矩形选区

通过矩形选框工具可以绘制具有固定长度和宽度比的矩形选区。在选框工具属性栏的【样式】下拉列表框中选择【固定比例】项，然后在其右侧的【宽度】和【高度】数值框中输入固定长宽比选区的【宽度】和【高度】的比值，再在图像窗口中单击即可完成固定长宽比选区的绘制。

（4）叠加选区的绘制

① 选区的添加。添加选区是指将最近绘制的选区与已存在的选区进行相加计算，从而实现两个选区的合并。此项操作是通过单击选框工具属性栏中的【添加到选区按钮】实现的。图 3.4 和图 3.5 是两个选区合并的实例。

② 选区的减去。选区的减去是指将最近绘制的选区与已存在的选区进行相减计算，最终得到的是原选区减去新选区后所得的选区。此项操作是通过单击选框工具属性栏中的【从选区减去按钮】实现的。图 3.6 是两个选区相减的实例。

③ 选区的交叉。选区的交叉是指将最近绘制的选区与已存在的选区进行交叉计算，最终得到的是原选区与新选区相同拥有的选区。此项操作是通过单击选框工具属性栏中的【与

选区交叉按钮】实现的。图 3.7 是两个选区交叉的实例。

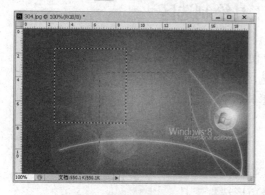

图 3.4　连续绘制两个选区

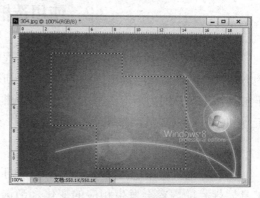

图 3.5　合并运算后的选区

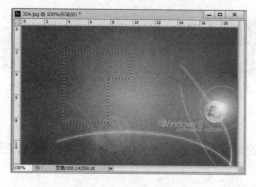

图 3.6　减去运算后的选区

图 3.7　交叉运算后的选区

（5）选区的羽化

选框工具属性栏中的【羽化】数值框用来控制选区边缘的柔和程度，它的值越大，所绘制选区边缘就越柔和，能大大增强图像的艺术性，在平面设计中被广泛应用。以下是其应用的一个实例。

步骤一：先打开【女孩】和【花卉】两幅图像，如图 3.8 和图 3.9 所示。

图 3.8　打开的【女孩】图像

图 3.9　打开的【花卉】图像

步骤二：在选框工具属性栏中将【羽化】值设置为 10px，然后在【女孩】图像窗口中沿女孩头部向下绘制矩形选区,如图 3.10 所示。单击选择工具箱中的移动工具,按住鼠标左键拖动选区内的图像到【花卉】图像的窗口中后释放,即可得到图 3.11 所示的艺术效果。

图 3.10　绘制羽化选区　　　　　　　　　　图 3.11　移动选区后的效果

3.2.2　绘制椭圆选区

通过椭圆选框工具可以绘制椭圆或正圆选区(选择正圆选区时要同时按住 Shift 键),如图 3.12 所示。椭圆选框工具和矩形选框工具对应的工具属性栏完全一样,所以它们绘制选区的方法也是完全一样的。

图 3.12　椭圆和正圆选区

椭圆选框工具属性栏和矩形选框工具属性栏中都有一个【消除锯齿】选择框,不过它只有在选择椭圆选框工具时才可以使用,其功能是用来软化边缘像素与背景像素之间的颜色转换,从而使选区的锯齿状边缘变得平滑。

3.2.3 绘制单行/单列选区

利用单行选框工具和单列选框工具可以方便地在图像中创建具有一个像素宽度的水平或垂直的选区，若想看到单行或单列选区的细节，必须放大后才能观察清楚，如图3.13和图3.14所示。

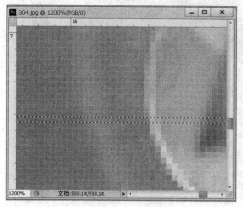

图3.13 单行选区

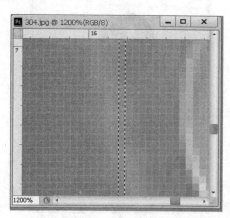

图3.14 单列选区

3.3 使用套索工具绘制选区

利用选框工具只能绘制具有规则几何形状的选区，而在实际工作中需要的选区远不止这么简单，这时可以通过套索工具来创建各种复杂形状的选区。Photoshop CS6 提供了 3 种套索工具，它们都位于工具箱中，如图3.15所示。

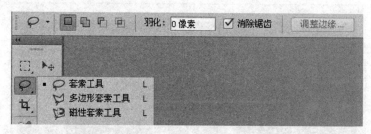

图3.15 Photoshop CS6 提供的 3 种套索工具

3.3.1 绘制自由选区

通过套索工具 ⌒ 就像使用画笔在图纸上任意绘制线条一样绘制自由选区。在图像窗口中单击并拖动鼠标以创建手绘的选区边框，释放鼠标后，起点和终点自动用直线连接起来，形成一个封闭的区域。如果按下 Alt 键，可以在图像窗口绘制具有直线边框的选区，此时的【套索工具】就具有【多边形套索工具】的功能了。在绘制选区的过程中，按下 Delete 键，可以擦除刚刚绘制的部分。

3.3.2 绘制多边形选区

使用多边形套索工具 ⌒ 可以将图像中不规则的直边对象从复杂的背景中选择出来。在绘制选区的过程中，按下 Alt 键并拖动鼠标，可绘制任意曲线，完成后释放 Alt 键可以接着绘制直线段。按下 Delete 键，可以擦除刚刚绘制的部分。

3.3.3 沿颜色边界绘制选区

使用磁性套索工具 可以在图像中沿颜色边界捕捉像素，从而形成选择区域。当需要选择的图像与周围颜色具有较大的反差时，选择使用磁性套索工具是一个很好的办法。使用磁性套索工具绘制选区的操作步骤如下。

步骤一：在工具箱中选择磁性套索工具，并在图像中颜色反差较大的地方单击确定选区的起点。

步骤二：沿着颜色的边缘慢慢移动鼠标，系统会自动捕捉图像中对比度较大的颜色边界并产生定位点，如图 3.16 所示。最后移动到起始点处单击即完成选区绘制，如图 3.17 所示。

图 3.16 沿颜色边缘移动鼠标　　　　图 3.17 绘制后的选区

3.4 使用魔棒工具绘制选区

如果想快速地在图像中根据图像颜色来绘制出选区，通过工具箱中的魔棒工具或快速选择工具可以较容易地完成任务。

3.4.1 使用魔棒工具绘制选区

使用魔棒工具可以根据图像中相似的颜色来绘制选区，只需在图像中的某个点单击鼠标左键，图像中与单击处颜色相似的区域就会自动进入绘制的选区内。其操作分两个步骤，一是打开图像，选择魔棒工具，如图 3.18 所示；二是单击要选择的区域，与该区域颜色一致的区域就会被自动选中，如图 3.19 所示。

图 3.18 打开图像并选择魔棒工具

图 3.19 单击夜色则夜空区域被绘制成选区

3.4.2 使用快速选择工具绘制选区

快速选择工具可以看成魔棒工具的精简版,特别适合在具有强烈颜色反差的图像中绘制选区。其操作分两个步骤,一是打开图像,选择快速选择工具,如图 3.20 所示;二是单击要选择的区域,在不释放鼠标的情况下继续沿要绘制的区域拖动鼠标,直至得到需要的选区为止,如图 3.21 所示。

图 3.20 打开图像并选择快速选择工具

图 3.21 拖动鼠标经过要选择的区域

3.5 使用【色彩范围】命令绘制选区

使用【色彩范围】命令绘制选区与使用魔棒工具绘制选区的工作原理一样,都是根据指定的颜色采样点来选取相似的颜色区域,只是它的功能比魔棒工具更加全面一些。

为详细介绍如何使用【色彩范围】命令绘制选区,现以在一个图像中绘制出橙色区域所在的选区为例,步骤分别如图 3.22~图 3.27 所示。

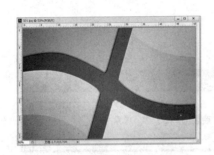

图 3.22 打开图像文件

图 3.23 通过菜单选择【色彩范围】命令

图 3.24 【色彩范围】对话框

图 3.25 使用吸管单击进行颜色取样

图 3.26 增加颜色取样范围

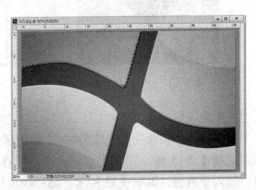

图 3.27 最终所要得到的选区

3.6 选区的修改与变换

绘制完选区后，如果觉得选区还不能达到要求，此时可通过修改和变换选区进行再加工处理。

3.6.1 选区的修改

选区的修改就是对已存在的选区进行扩展、收缩、平滑和增加边界等操作。

（1）扩展选区

扩展选区就是将当前选区按设定的像素值向外扩充。选择【选择/修改/扩展】菜单命令，在打开的【扩展选区】对话框的【扩展量】数值框中输入扩展值，然后单击【确定】按钮即可。如图 3.28～图 3.30 所示。

图 3.28　扩展前的选区

图 3.29　【扩展选区】对话框

（2）收缩选区

收缩选区是扩展选区的逆操作，即选区向内进行收缩，选择【选择/修改/收缩】菜单命令，在打开的【收缩选区】对话框的【收缩量】数值框中输入收缩值，然后单击【确定】按钮即可。以图 3.30 为收缩前的选区，收缩量和先前的扩展量数值都是 50 像素，如图 3.31 所示，则收缩后的选区如图 3.28 所示。

图 3.30　扩展后的选区

图 3.31　【收缩选区】对话框

（3）平滑选区

平滑选区用于消除选区边缘的锯齿，使选区边界变得平滑。建立一个矩形选区，如图 3.32 所示，选择【选择/修改/平滑】菜单命令，在打开的【平滑选区】对话框的【取样半径】数值框中输入平滑值，如图 3.33 所示，然后单击【确定】按钮即可，效果如图 3.34 所示。

（4）增加边界选区

增加边界用于在选区边界处向外增加一条边界。选择【选择/修改/边界】菜单命令，在打开的【边界选区】对话框的【宽度】数值框中输入相应的数值，如图3.35所示，然后单击【确定】按钮即可，图3.36是在图3.34基础上增加选区边界后的效果。

图3.32 平滑处理前的选区

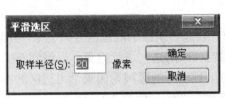
图3.33 【平滑选区】对话框

图3.34 平滑处理后的选区

图3.35 【边界选区】对话框

图3.36 增加选区边界后的效果

3.6.2 选区的变换

变换选区是指对已存在的选区进行外形上的改变。其操作步骤如下。

步骤一：确保图像中存在选区，选择【选择/变换选区】菜单命令，使选区进入变换状态，此时选区周围会出现一个带控制点的变换框，如图3.37所示；

步骤二：单击鼠标右键，在弹出的快捷菜单中选择一种变换命令，如图3.38所示；

图3.37 带有控制点的变换框

图3.38 变换快捷菜单

步骤三：拖动变换框或控制点改变选区外部形状；

步骤四：按回车键确认变换。

只要选区进入变换状态，将鼠标移到变换框或变换点附近，指针便会变成不同的形式，这时拖动即可实现选区的放大、缩小和旋转等。如果只需对选区进行某种变换，这时可通过选择快捷菜单中的对应变换命令进行操作。

3.7 选区的存储与载入

在图像处理过程中，用户可以将所绘制的选区存储起来，当需要时再载入到图像窗口中，还可以将存储的选区与当前窗口中的选区进行运算，以得到新的选区。现以在一张"功夫熊猫"的图像中绘制出除黑色区域以外的区域为例来学习选区的存储与载入。具体步骤如下。

步骤一：打开"功夫熊猫"图像，如图 3.39 所示；

步骤二：选择工具箱中的魔棒工具，在工具栏属性中设置容差值为 30，选择【添加到选区】按钮，选择所有的黑色区域，如图 3.40 所示；

图 3.39　打开图像　　　　　　　　图 3.40　选择黑色区域

步骤三：选择【选择/存储选区】菜单命令，打开【存储选区】对话框如图 3.41 所示。在【名称】文本框中输入选区的名称【黑色区域】；

步骤四：按 Ctrl+D 键取消现有选区，然后按 Ctrl+A 选择全部区域为选区；

步骤五：选择【选择/载入选区】菜单命令打开【载入选区】对话框，在通道下拉列表框中选择【黑色区域】，在【操作】栏下选中【从选区中减去】单选按钮，即表示从当前选区中减去载入后的选区，如图 3.42 所示；

 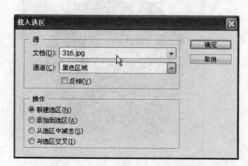

图 3.41　【存储选区】对话框　　　　图 3.42　【载入选区】对话框

步骤六：单击【确定】按钮，当前选区减去载入选区的效果如图 3.43 所示。

图 3.43　最终的选区

项目实现

邢城职业技术学院大一的学生小李，她有一位高中的同学在哈尔滨读大学，她的同学希望小李发几张校园生活照给她，可是小李现在手上没有合适的校园生活照，但小李还是满足了同学的愿望，她是这样完成任务的。

步骤一：首先到邢城职业技术学院网站上下载几幅校园风光照片，她最喜欢的是校园北广场上喷泉的那一张，如图 3.44 所示；

图 3.44　HC 校园北广场风景照

步骤二：打开个人电子相册，选择一张自己满意并且适合校园北广场风景的照片，经过选择，决定选用自己去年夏天去青岛海边踏浪的相片；

步骤三：启动 Photoshop CS6 系统，打开校园风景照和个人踏浪的照片，并以垂直平铺的方式在工作界面上显示；

步骤四：从工具箱中选择磁性套索工具，羽化值设置为 3px，然后在踏浪相片中选择人物部分；

步骤五：人物选区绘制完成后，选择【编辑/拷贝】菜单命令，然后单击风景照图像，再选择【编辑/粘贴】菜单命令，这样人物就被复制到了风景照中；

步骤六：在工具箱中选择【移动工具】，移动人物选区至图像中合适的位置；

步骤七：选择【编辑/自由变换】菜单命令，采用类似选区变换的方法，对人物图像进行大小变换并应用变换，以适合整幅图像的构图；

步骤八：重复步骤六和步骤七，以达最佳效果，如图 3.45 所示。按 Ctrl+D 取消选区，保存最终合成的校园生活照。

图 3.45　校园生活照合成效果图

步骤九：使用同样的方法，一共合成了 5 张照片，并发送给同学。

项目拓展

对选区进行描边和填充处理，是精心绘制选区的目的之一，也是对选区最为频繁的操作之一。

一、描边选区

描边选区是指使用一种颜色沿选区的边界进行填充。下面以制作"东南大学"文字 LOGO 为例介绍选区的描边。其操作步骤如下。

步骤一：打开 SEU 文字"LOGO"，如图 3.46 所示；

步骤二：使用【色彩范围】命令选中图像中的非文字区域，如图 3.47 所示；

步骤三：选择【选择/反向】菜单命令，选中文字区域作为选区，效果如图 3.48 所示；

步骤四：选择【编辑/描边】菜单命令，在【描边】对话框中设置相应的参数，设置描边的宽度值和颜色的类型以及描边的位置等，如图 3.49 所示；

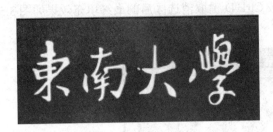
图 3.46 打开 LOGO 图像

图 3.47 非文字区域选区

图 3.48 文字区域选区

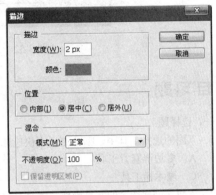
图 3.49 【描边】对话框

步骤五：单击【确定】按钮应用描边，按 Ctrl+D 键取消选区后的最终描边效果如图 3.50 所示。

二、填充选区

填充选区是指在创建的选区内部填充颜色或图案。下面以更换"东南大学"文字 LOGO 的背景为例来介绍选区的填充，其步骤如下。

步骤一：打开 SEU 文字"LOGO"，如图 3.46 所示；

步骤二：选择工具箱中的魔棒工具并调整好工具属性栏中的参数，设定容差值为 30，选中图像中的非文字区域，如图 3.47 的所示；

步骤三：选择【编辑/填充】菜单命令，在【填充】对话框中设置相应的参数，设置填充的内容为【图案】，选择填充图案的种类，如图 3.51 所示；

图 3.50 描边最终效果

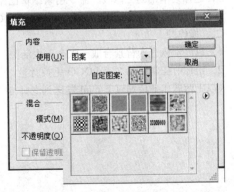
图 3.51 【填充】对话框

步骤四：单击【确定】按钮应用填充，按 Ctrl+D 键取消选区后的最终填充效果如图 3.52 所示。

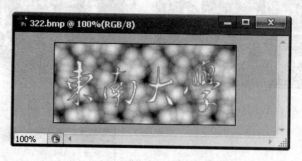

图 3.52　最终填充选区的效果

项目习题

一、选择题

1. 下面的选择工具中，哪个更适合快速选择背景颜色比较单一的图像？（　　）
   A. 多边形套索工具　　　　　　B. 磁性套索工具
   C. 魔术棒工具　　　　　　　　D. 套索工具
2. 下面是创建选区的常见操作，哪个是错误的？（　　）
   A. 按住 Alt 键的同时单击工具箱的选框工具，就会切换不同的选框工具
   B. 使用矩形选框工具，按住 Alt 键的同时拖拽鼠标可得到正方形选区
   C. 按住 Alt 键和 Shift 键可以形成以鼠标落点为中心的正方形和正圆形的选区
   D. 按住 Shift 键使选择区域以鼠标的落点为中心向四周扩散
3. 在套索工具组中包含以下哪几种套索工具？（　　）
   A. 任意套索工具　　　　　　　B. 多边形套索工具
   C. 矩形套索工具　　　　　　　D. 磁性套索工具
4. 为了确定磁性套索工具对图像边缘的敏感程度，应该调整下列哪个选项的数值？（　　）
   A. 容差　　　B. 边对比度　　　C. 频率　　　D. 套索宽度
5. 在色彩范围对话框中为了调整颜色的范围，应当调整哪个数值？（　　）
   A. 反相　　　B. 消除锯齿　　　C. 颜色容差　　　D. 羽化
6. 下列选项哪些是"选择>色彩范围"对话框中提供的选区预览方式？（　　）
   A. 灰色杂边　　　B. 黑色杂边　　　C. 白色杂边　　　D. 快速蒙版
7. 选择菜单中的"修改"命令用来编辑已做好的选择范围，它提供了哪些功能？（　　）
   A. 扩边　　　B. 扩展　　　C. 收缩　　　D. 边界

二、操作题

1. 以海南风光为背景合成一张个人生活照。
2. 给你所在学院的文字 LOGO 更换背景，一幅更换为蓝色，一幅更换为图案，图案自选。
   （以上两题作业请通过 E-mail 发送到老师提供的作业信箱中）

项目 4　图片背景的修改

项目任务

小李在制作校园生活照给哈尔滨的同学时,非常想制作一幅学院北大门广场为背景的生活照,可是网上提供的照片是阴天拍的。要在图像上添加蓝天白云,让整幅照片充满阳光,小李是如何实现的呢?

项目要点

- 画笔工具的使用
- 形状工具的使用
- 渐变工具的使用

项目准备

4.1　画笔工具的使用

工具箱中提供的画笔工具是图像处理过程中使用较频繁的绘制工具,常用来绘制边缘较为柔软的线条,其效果类似于毛笔画出的线条,也可以绘制特殊形状的线条效果。

4.1.1　画笔工具的介绍

使用画笔工具绘图的实质就是使用某种颜色在图像中填充颜色,在填充过程中不但可以不断调整画笔笔头的大小,还可以控制填充颜色的透明度、流量和模式。

使用画笔工具可以创建柔和的彩色线条,使用此工具前必须先选取好前景色和背景色。选择画笔工具通过工具箱中的画笔工具组来选择,如图 4.1 所示。选择画笔工具后,工具选项属性栏显示如图 4.2 所示,在此可以设置画笔的类型、模式、透明度和流量等参数。

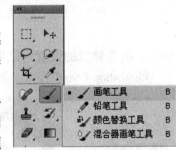

图 4.1　画笔工具组

图 4.2　画笔工具选项属性栏

4.1.2　画笔工具的查看与选择

Photoshop CS6 内置了多种画笔样式,通过【画笔】面板可以方便地查看并载入其他画笔样式。选择【窗口/画笔】菜单命令或按 F5 键，或先选择工具箱中的画笔工具，然后单击工具属性栏中的【画笔】按钮，即可打开画笔面板，如图 4.3 所示。

画笔预设列表框中列出了 Photoshop CS6 默认的画笔样式，如图 4.3 所示，用户可以根据个人爱好或工作需要设置符合自己要求的预览方式，图 4.4 所示为【画笔笔尖】面板。

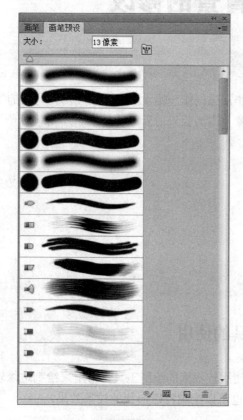

图 4.3 【画笔】控制面板

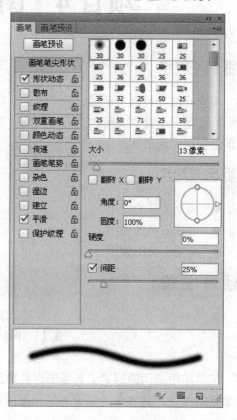

图 4.4 【画笔笔尖】面板

4.1.3 画笔样式的设置与应用

Photoshop CS6 中预置了多种画笔样式，当系统内置的画笔样式不能满足绘图需要时，可以通过编辑或创建新的画笔样式来完成。以下以绘制邮票边缘的锯齿边来说明画笔样式的设置与应用，其操作步骤如下。

步骤一：打开【邮票】图像，如图 4.5 所示；

步骤二：设置前景色为白色，选择画笔工具，按 F5 键打开【画笔】控制面板，然后在【画笔笔尖形状】选项下设置画笔的【直径】数值为 13px，【间距】数值为 145%，如图 4.6 所示；

步骤三：将鼠标指针移到【邮票】图像的右上角，按住 Shift 键垂直往下拖动绘制，得到如图 4.7 所示的效果；

图 4.5 打开【邮票】图像

项目 4　图片背景的修改　　37

图 4.6　设置画笔直径和间距

图 4.7　垂直进行绘制

步骤四：继续在图像的左侧边缘按住 Shift 键沿垂直进行绘制，得到如图 4.8 所示的效果；

步骤五：将鼠标指针分别移动到图像顶部和底部边缘，然后沿水平方向进行绘制，绘制完成后最终得到的邮票效果如图 4.9 所示。

图 4.8　继续沿垂直方向绘制

图 4.9　沿水平方向绘制两次

4.2　形状工具的使用

在图像处理或平面设计过程中，常常要用到一些基本的图形，如音乐符号、人物、动物和植物等，如图 4.10 所示。如果使用画笔工具来绘制，往往需要花费大量的时间。如果使用 Photoshop CS6 提供的形状工具就可以快速、准确地绘制出来，达到事半功倍的效果。

图 4.10 通过形状工具绘制的形状图形

Photoshop CS6 自带了多达 6 种形状绘制工具，包括矩形工具、圆角矩形工具、椭圆工具、多边形工具、直线工具和自定义形状工具等。

4.2.1 矩形工具

使用矩形工具可以绘制任意方形或具有固定长宽的矩形形状，并且可以为绘制后的形状添加一种特殊样式，其对应的工具属性栏如图 4.11 所示。

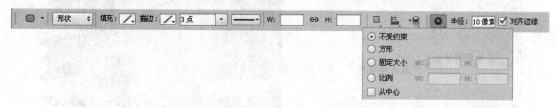

图 4.11 矩形工具对应的工具属性栏

◆ 绘图方式选择区 ：在此单击【形状图层】按钮，可以在绘制图形的同时创建一个形状图层（图层的详细内容将在第 7 章中介绍），形状图层包括图层缩略图和矢量蒙版两部分，如图 4.12 和图 4.13 所示；单击【形状】选择框时可以选择绘制路径（路径的详细内容将在第 8 章中介绍），绘制形状或同时进行填充。

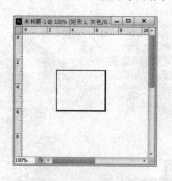

图 4.12 绘制的形状图层

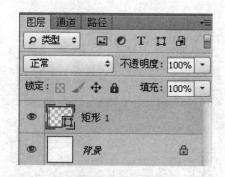

图 4.13 图层面板示意图

◆ 填充及描边方式选择 ：在此对所绘制形状、路径和图像进行填充或描边的方式，只需选择不同的方式就能产生不同的填充或描边效果。

◆ 线型选择 ：选择左侧下拉选择框中的相关数值，可产生不同粗细的轮廓线；选择右侧下拉选择框中的不同选项，可产生不同类型的轮廓线线型。

◆ 矩形大小显示区 ：该区域中的两个数据框分别显示所绘制矩形的宽度和高度。其中的各个按钮与选区工具对应工具属性栏中的各个按钮含义相同，可以实现形状的合并、相减或交叉等运算。

◆ 工具设置按钮 ：单击其右侧下方的三角形按钮，可以弹出当前工具的选项调板，如图 4.11 所示。在调板中可以设置绘制具有固定大小和比例的矩形，如同使用矩形选框工具绘制具有固定大小和比例的矩形选区一样。

4.2.2 圆角矩形工具

使用圆角矩形工具可以绘制具有圆角半径的矩形形状，其工具属性栏与矩形工具相似，只是增加了一个【半径】文本框，用于设置圆角矩形的圆角半径的大小，如图 4.14 和图 4.15 所示。

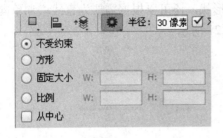

图 4.14 圆角矩形选项对话框　　　　图 4.15 圆角矩形示例

4.2.3 椭圆工具

使用椭圆工具可以绘制椭圆和正圆（绘制的同时按住 Shift 键）形状，它与矩形工具对应的工具属性栏中的参数设置基本相同，如图 4.16 和图 4.17 所示。

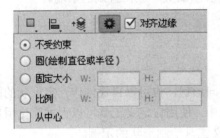

图 4.16 椭圆工具选项对话框　　　　图 4.17 椭圆与正圆形状示例

4.2.4 多边形工具

使用多边形工具可以绘制具有不同边数的多边形形状，其选项对话框及效果如图 4.18 和图 4.19 所示。

图 4.18 多边形选项对话框　　　　图 4.19 多边形形状示例

◆ 边：在此输入数值，可以确定多边形的边数或星的顶角数。

- 半径：用来定义星形或多边形的半径。
- 平滑拐角：选择该复选框后，所绘制的星形或多边形具有圆滑形拐角。
- 星形：选择该复选框后，即可绘制星形形状。
- 缩进边依据：用来定义星形的缩进量。
- 平滑缩进：选中该复选框后，所绘制的星形将尽量保持平滑。

4.2.5 直线工具

使用直线工具可以绘制具有不同粗细的直线形状，还可以根据需要为直线增加单向或双向的箭头，其选项对话框及示例如图 4.20 和图 4.21 所示。

图 4.20 直线工具选项对话框

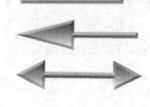

图 4.21 直线及箭头形状示例

- 起点/终点：如果要绘制箭头则应选中对应的复选框。选中【起点】复选框，表示箭头产生于直线的起点；选中【终点】复选框，则表示箭头产生在直线的末端。
- 宽度/长度：用于设置箭头的比例。
- 凹度：用来定义箭头的尖锐程度。

4.2.6 自定义形状工具

使用自定义形状工具可以绘制系统自带的不同形状，也可以自己创作一定形状的图形，通过【编辑/定义自定形状】保存到自定义形状库中。使用自定义工具可以大大简化用户绘制复杂形状的难度。图 4.22 和图 4.23 为使用自定义工具绘制形状的示例。

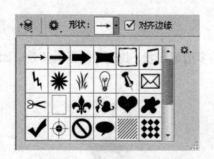

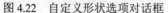

图 4.22 自定义形状选项对话框

图 4.23 自定义工具绘制形状的示例

4.3 渐变工具的使用

渐变工具是一种经常用到的绘图编辑工具，可以创建从前景色到背景色，或者是从前景色到透明的渐变等多种效果。其工具选项属性栏如图 4.24 所示。

图 4.24 渐变工具属性栏

4.3.1 渐变工具的类型

渐变工具可以在 Photoshop CS6 中创建五类渐变，其效果如图 4.25 所示。

图 4.25 线性、径向、角度、对称和菱形渐变

◆ 线性渐变：沿直线的渐变效果。
◆ 径向渐变：从圆心向四周扩散的渐变效果。
◆ 角度渐变：围绕一个起点的渐变效果。
◆ 对称渐变：从起点两侧向两相反方向的渐变效果。
◆ 菱形渐变：菱形形状的渐变效果。

4.3.2 编辑渐变样式

虽然 Photoshop CS6 为用户提供了不同的渐变样本，但有时还不能满足绘图的需要，这时就需要用户自定义需要的渐变样本。

在 Photoshop CS6 中要编辑渐变样本只能在渐变编辑器中进行，单击渐变工具对应的工具属性栏中的渐变样本显示框，就可以打开如图 4.26 所示的【渐变编辑器】对话框。

通过渐变编辑器，用户不但可以方便地载入系统自带的其他渐变样本，还可以加工处理已存在的渐变样本，以得到新的渐变样本。

4.3.3 渐变工具的使用实例

渐变工具是专门用来绘制各类渐变效果的，现以制作红白过渡为背景的标准照为例来介绍其使用方法，具体步骤如下。

步骤一：新建一空白图像，宽度和高度的尺寸为 250 像素×300 像素，如图 4.27 所示；

图 4.26 【渐变编辑器】对话框

步骤二：设定前景色为深红色、背景色为白色；

步骤三：选择线性渐变工具，自上而下拖动鼠标，产生红白过渡的背景色，效果如图 4.28 所示；

图4.27 新建一空白图像

图4.28 使用渐变工具绘制红白过渡背景

步骤四：打开原图像文件，如图4.29所示；

步骤五：选择套索工具，绘制人物轮廓选区，如图4.30所示；

图4.29 打开原图像文件

图4.30 使用套索工具选中人物轮廓

步骤六：复制人物选区并粘贴到红白背景图中，如图4.31所示；

步骤七：按二寸标准照规格要求选择合适的图像区域，如图4.32所示；

步骤八：选择【图层/拼合图像】菜单命令，然后再选择【选择/反向】菜单命令，将背景色设置为白色，按 Delete 键删除多余的部分，得到的最终标准照效果如图4.33所示。

图4.31 拷贝人物到具有背景的图像

图4.32 选择合适的图像区域

图4.33 最终完成的标准照

项目实现

小李在制作校园生活照给哈尔滨的同学时，非常想制作一幅学院北大门广场为背景的生活照，可是网上提供的照片是阴天拍的。要在图像上添加蓝天白云，让整幅照片充满阳光，小李是这样实现的。

步骤一：打开学校北广场原文件和蓝天白云资料图像，如图 4.34 和图 4.35 所示；

图 4.34　北广场原文件

图 4.35　蓝天白云资料图像

步骤二：设定前景色为白色，选择线性渐变工具，渐变样本选择前景到透明，在蓝天白云图像上自下往上产生渐变，效果如图 4.36 所示；

步骤三：选择快速选择工具在北广场原文件上选择天空部分区域，然后选择【选择/反向】菜单命令，选择天空外部分选区；

步骤四：复制选中的选区，并粘贴到渐变处理后的蓝天白云图像上；

步骤五：在工具箱中选择【移动工具】，调整粘贴上去的选区图像至合适位置为止，最终添加蓝天白云的学院北广场风景照效果如图 4.37 所示；

图 4.36　渐变处理后的蓝天白云

图 4.37　最终添加蓝天白云后的北广场

步骤六：采用类似上一章任务的方法，小李又添加上人物部分，这样具有蓝天白云、阳光明媚的校园北广场生活照就合成完了。

项目拓展

在填充操作中需要使用图案，如果对于图案的要求不严格，可以直接使用软件内置的默认图案，但如果软件内置的图案不能满足使用者的要求，则可以自定义图案。其操作步骤如下。

步骤一：打开素材库"项目 04\413.jpg"，如图 4.38 所示；
步骤二：在工具箱中选择矩形工具，在其工具属性栏中设置羽化数值为 0；
步骤三：在打开的素材图像文件中，框选图像局部作为图案，如图 4.39 所示；

图 4.38　要定义图案的图像素材

图 4.39　框选要定义图案的局部区域

步骤四：选择【编辑/定义图案】菜单命令，弹出如图 4.40 所示的对话框，定义图案的名称并单击【确定】按钮。

这样即可以在以后的操作中，在图案下拉列表中选择自定义的图案，如图 4.41 所示。

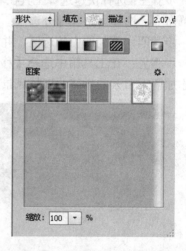

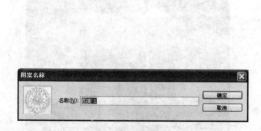

图 4.40　"图案名称"对话框

图 4.41　图案选择下拉列表框

项目习题

一、选择题

1. 在画笔使用中，快速调整画笔硬度的快捷键是（　　）。
   A．Shift+"["和 Shift+"]"　　　　　　B．"["和"]"
   C．Ctrl+"["和 Ctrl+"]"　　　　　　　D．Ctrl+Shift+"["和 Ctrl+Shift+"]"

2. 在图中通过画笔直接绘制流星划过的效果，请问在使用画笔时可能会用到以下哪些选项？（　　）
   A．在"动态形状"选项中，"大小抖动"的"控制"选择"渐隐"

B. 在"动态形状"选项中，"大小抖动"的"控制"选择"钢笔压力"
　　C. 在"其他动态"选项中，"不透明抖动"的"控制"选择"渐隐"
　　D. 在"其他动态"选项中，"不透明抖动"的"控制"选择"钢笔压力"
3. 在绘制像素画的过程中，下列哪个工具是最适合使用的？（　　）
　　A. 铅笔　　　　　　B. 画笔　　　　　　C. 喷枪
4. Photoshop 中提供了哪些类型的渐变工具？（　　）
　　A. 菱形渐变　　　B. 模糊渐变　　　C. 角度渐变　　　D. 对称渐变

二、操作题
1. 使用形状工具绘制中华人民共和国国旗。
2. 使用渐变工具制作个人以蓝白过渡为背景的标准照。
（以上两题作业请通过 E-mail 发送到老师提供的作业信箱中）

项目 5　包装盒的设计

项目任务

小李实习单位的同事今天工作的任务是为一茶叶生产厂家设计一幅宣传海报。小李想既然来实习那我也试一下，说不定效果还不错呢！那么小李今天是如何完成任务，她的设计作品效果会怎样呢？

项目要点

- 编辑图像
- 修饰图像
- 撤消与重做操作

项目准备

5.1　编辑图像

图像绘制完成后，根据需要可以对图像进行深化编辑，主要包括图像的移动、复制、裁切和擦除等。上一章我们在制作标准照时已经用了其中的一些操作。

5.1.1　使用移动工具移动和复制图像

通过工具箱中的移动工具或【编辑】菜单中的相关命令可以方便地实现图像的移动和复制，这些操作不但可以针对图像整体也可针对局部区域，下面以一实例加以介绍。

步骤一：新建背景为黑色的空白图像文件，宽为 300 像素，高为 600 像素；
步骤二：打开素材库中的手机文件，如图 5.1 所示；
步骤三：使用套索工具选中手机选区，如图 5.2 所示；

图 5.1　打开的手机图片

图 5.2　选择手机所在区域

步骤四：选择工具箱中的移动工具，在图像窗口中按住鼠标左键拖动选区内的手机图像到新建的图像窗口后释放鼠标，这样就在移动图像的过程中复制了图像，如图5.3所示；

步骤五：重复步骤四，再次复制图像，每次复制都产生一个新的图层，如图5.4所示；

图 5.3　移动复制选区内的图像　　　　　图 5.4　再次复制手机图像

步骤六：选择【编辑/变换/垂直翻转】菜单命令，将第二次复制的图像翻转180°，如图5.5所示；

步骤七：按住鼠标左键拖动翻转后的图像移动到另一手机的底部，构成倒影，如图5.6所示。

图 5.5　垂直翻转的图像　　　　　　　图 5.6　移动图像构成倒影

5.1.2 使用擦除工具编辑图像

Photoshop CS6 提供的图像擦除工具有橡皮擦工具、背景橡皮擦工具和魔术橡皮擦工具，用于实际不同的擦除功能。

（1）使用橡皮擦工具擦除图像

使用橡皮擦工具既可以擦除图像中不需要的图像，也可擦除图像中的部分像素，以使其呈透明状，下面以制作手机的镜面反射图像为例来说明其使用方法。

步骤一：打开前面所做的手机倒影图像文件；

步骤二：选择工具箱中的橡皮擦工具，并在工具属性栏设置相关参数，如图 5.7 所示；

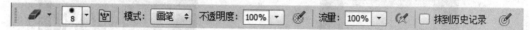

图 5.7　设置橡皮擦工具属性栏

步骤三：在打开的图像下部手机图像中大范围进行快速涂抹，以擦除手机图像中的部分像素，如图 5.8 所示；

步骤四：继续在局部进行涂抹，以得到虚实变化的镜面反射效果，如图 5.9 所示。

图 5.8　整体擦除效果　　　　　　　　　　图 5.9　局部擦除效果

（2）使用背景橡皮擦工具擦除图像

使用背景橡皮擦工具可以擦除图像中指定的颜色，与橡皮擦工具的使用方法完全一样，只是在擦除时会不断地吸取涂抹经过地方的颜色作为背景色。

（3）使用魔术橡皮擦工具擦除图像

使用魔术橡皮擦工具可以快速擦除选择区域内图像，使用方法同魔棒工具一样，只是魔棒工具用于创建选区。下面通过一个实例来介绍魔术橡皮擦工具的使用方法，具体步骤如下。

步骤一：打开【手机】图像文件，如图 5.10 所示；

步骤二：选择工具箱中的魔术橡皮擦工具，然后在打开图像中的黑色背景上单击一下，这样就完成了黑色背景的删除，其中的棋盘格表示无背景，呈透明状，效果如图 5.11 所示。

图 5.10 打开的【手机】图像　　　　　　图 5.11 擦除黑色背景后的效果

5.1.3 使用裁剪工具编辑图像

当仅需要获取图像的一部分时，就可以使用裁剪工具来快速实现多余部分图像的删除。使用此工具在图像中拖动绘制一个矩形区域，如图 5.12 所示。矩形区域内代表裁剪后图像保留的部分，矩形区域外的部分将被删除。图 5.13 就是使用裁剪工具删除多余区域后的效果。

图 5.12 绘制的裁剪区域　　　　　　图 5.13 裁剪后的效果

5.2 修饰图像

通过 Photoshop 绘制或数码相机拍摄获得的图像往往存在很多的问题，如绘制后的图像具有明显的人工痕迹、没有景深感；照片色彩不平衡、明暗关系不明显、存在曝光不足或过度、有杂点等，这时就需要利用 Photoshop CS6 提供的不同图像修饰工具来消除这些不足之处。掌握这些功能对于专业和非专业人员都是非常适用的。

5.2.1 使用图章工具组修饰图像

图章工具组由仿制图章工具和图案图章工具组成，可以使用颜色或图案填充图像或选区，以得到图像的复制和替换。

（1）使用仿制图章工具修饰图像

使用仿制图章工具可以将图像复制到其他位置或是不同的图像中，该工具对应的工具属性栏如图 5.14 所示。

图 5.14　仿制图章工具属性栏

为了更好地理解仿制图章工具的功能及使用方法，这里以去除图像中的竹竿为例进行介绍，其操作步骤如下。

步骤一：打开原文件，图中右上角有一竹竿，如图 5.15 所示；

步骤二：选择仿制图章工具，并在工具属性栏中设置画笔大小为 30px，然后按住 Alt 键在竹竿附近单击取样，取样一定要在竹竿的附近，否则涂抹后会看出修饰的痕迹，那将是不成功的修饰；

步骤三：在竹竿上进行涂抹，多次取样并涂抹竹竿，最终将竹竿从图像中去除，效果如图 5.16 所示。

图 5.15　打开的原文件

图 5.16　去除竹竿后的效果图

（2）使用图案图章工具修饰图像

使用图案图章工具可以将 Photoshop CS6 自带的图案或自定义的图案填充到图像中，就相当于使用画笔工具绘制图案一样。现以给图像添加灰色花岗石背景为例来介绍图案图章工具的使用，其操作步骤如下。

步骤一：打开白色背景的手机图像文件，使用快速选择工具选中白色背景绘制选区，如图 5.17 所示；

步骤二：选择图案图章工具，在图案选项列表中选择【灰色花岗岩】；

步骤三：在图像中涂抹即可，最终效果如图 5.18 所示。

项目 5　包装盒的设计

图 5.17　选中白色的背景

图 5.18　用【灰色花岗岩】图案涂抹后的效果

5.2.2　使用修复工具组修饰图像

修复工具组可以将取样点的像素信息非常自然地复制到图像的其他区域，并保持图像的色相、饱和度和亮度，以及纹理等属性，是一组快捷高效的图像修饰工具。

（1）使用污点修复工具修饰图像

污点修复工具 ![icon] 主要用于快速修复图像中的斑点或小块杂物等，这里以去除一幅人物图像面部的斑点为例来介绍污点修复工具的使用方法，其操作步骤如下。

步骤一：打开人物原文件，发现该人物面部有一些斑点，如图 5.19 所示；

步骤二：选择污点修复工具，在工具属性栏中设置合适的画笔主直径，然后将鼠标移动到较大的斑点上；

步骤三：单击鼠标左键，这样系统会自动在单击处取样图像，并将取样后的图像平均处理后填充到单击处，即完成斑点的去除；

步骤四：重复步骤二和步骤三，直至斑点去除，效果如图 5.20 所示。

图 5.19　打开有斑点的人物图像

图 5.20　去除斑点后人物面部效果图

（2）使用修复画笔工具修饰图像

使用修复画笔工具 ![icon] 可以用图像中被修复区域相似的颜色去修复破损的图像，其使用方法与仿制图章工具完全一样。这里以去除一幅图像中的划痕为例来介绍修复画笔工具的使用，其操作步骤如下。

步骤一：打开带有划痕的原图像文件，发现该图像左下角有一划痕，如图 5.21 所示；
步骤二：选择修复画笔工具，在工具属性栏中设置合适的画笔主直径；
步骤三：按住 Alt 键，将鼠标光标移到划痕旁边正常区域处单击取样图像；
步骤四：释放 Alt 键后在划痕处单击并进行涂抹，可以发现被涂抹处图像被取样处的图像覆盖；
步骤五：重复步骤三和步骤四，直到划痕被去除，效果如图 5.22 所示。

图 5.21　带有划痕的原图像

图 5.22　修复后的图像

（3）使用修补工具修饰图像

修补工具 ◎ 是一种使用较为频繁的修复工具，其工作原理与修复工具一样，只是它像套索工具一样绘制一个自由选区，然后通过将该区域内的图像拖动到目标位置，从而完成对目标处图像的修复处理。

（4）使用红眼工具修饰图像

利用红眼工具 ◉ 可以快速去除照片中由于闪光灯引发的红色、白色或绿色反光斑点。该操作非常简单，只要选择红眼工具，然后将鼠标光标移动到人物眼睛中的红斑处单击，这样就能去除该处的红眼。

5.2.3　使用模糊工具组修饰图像

模糊工具组由模糊工具、锐化工具和涂抹工具组成，用于降低或增强图像的对比度和饱和度，从而使图像变得模糊或更清晰，甚至还可以产生色彩流动的效果。

（1）使用模糊工具修饰图像

使用模糊工具 ◊ 通过降低图像中相邻像素之间的对比度，从而使图像产生模糊的效果。现以一幅图像模拟景深效果为例来介绍其使用方法，具体步骤如下。

步骤一：打开一幅鲜花图像，如图 5.23 所示；
步骤二：选择模糊工具并在工具属性栏中将强度参数设置为 50%；
步骤三：在图像中除最大的花朵外涂抹，模糊后产生景深的效果，最终效果如图 5.24

所示。

图5.23 打开的鲜花图像

图5.24 模糊处理后的效果

（2）使用锐化工具修饰图像

锐化工具  的作用与模糊工具刚好相反，它能使模糊的图像变得清晰，常用于增加图像的细节表现。

在旧照片翻新的时候，经常用到锐化工具，使其变得更加清晰。前后效果对比如图5.25和图5.26所示。

图5.25 打开的旧照片

（3）使用涂抹工具修饰图像

涂抹工具 的使用效果是以起始点的颜色逐渐与鼠标推动方向的颜色相混合扩散而形成的，其工具属性选项栏与模糊工具的相似，只是多了一个手指绘画的选项。图5.27和图5.28就是采用手指绘画涂抹的效果比较图。

图 5.26　人物面部锐化处理后的旧照片

图 5.27　荷花原图

图 5.28　花蕾被涂抹后的效果图

5.2.4　使用减淡工具组修饰图像

减淡工具组由减淡工具、加深工具和海绵工具组成，用于调整图像的亮度和饱和度。

（1）使用减淡工具修饰图像

使用减淡工具 可以快速增加图像中特定区域的亮度。图 5.29 和图 5.30 就是采用减淡工具洁白牙齿的效果对比图。

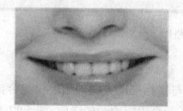

图 5.29　美白牙齿前图像

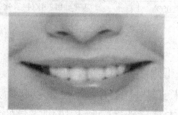

图 5.30　美白牙齿后效果

（2）使用加深工具修饰图像

使用加深工具 可以改变图像特定区域的曝光度，使图像变暗。它是减淡工具的逆操作。

（3）使用海绵工具修饰图像

海绵工具 用于加深或降低图像的饱和度，产生像海绵吸水一样的效果，从而为图像增加或减少光泽感。

5.3　撤消与重做操作

在图像处理过程中，有时会产生一些误操作，或对处理后的效果不满意，需要将图像返回到某个状态重新处理。Photoshop CS6 提供了强大的恢复功能来解决这一问题。

5.3.1　通过菜单命令操作

对于初学者而言，对图像的操作需要不断进行测试和修改，发现失误后如果想要返回到上一步重新再来，只需选择【编辑/后退一步】菜单命令即可。如果只想重新返回到当前的操作状态，则选择【编辑/还原】菜单命令。

5.3.2　通过【历史记录】控制面板操作

通过【历史记录】控制面板可以将图像恢复到任意操作步骤状态，只需要在【历史记录】控制面板中的历史状态记录面板中单击选择相应的历史命令即可。图 5.31 所示为当前图像操作状态，图 5.32 所示为返回到以前某个图像操作状态。

图 5.31　当前图像操作状态

图 5.32　返回到以前某个图像操作状态

Photoshop CS6 默认在历史控制面板中最多只能记录 20 步操作，当超过 20 步时，系统就会自动删除前面的操作步骤。用户可以根据需要设置合适的历史记录数值。选择【编辑/首选项/常规】菜单命令，打开【首选项】对话框，选择【性能】选项，在【历史记录状态】数值框中输入需要设置的数值即可，如图 5.33 所示。

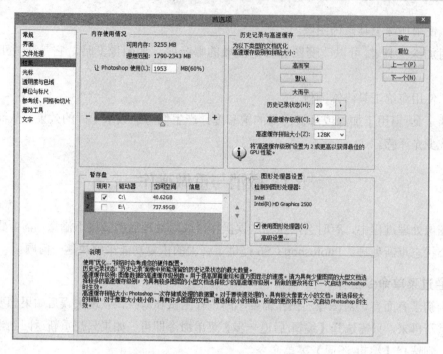

图 5.33 历史记录状态数值设置对话框

项目实现

小李实习单位的同事今天工作的任务是为一茶叶生产厂家设计一幅宣传海报,小李也准备设计一幅,她是这样做的。

步骤一:新建一个背景为白色的空白文件。宽度为 600 像素,高度为 800 像素;

步骤二:在网上查找相应的素材,最终下载两幅图片,一幅其中有绿色茶树;另一幅则为表现茶文化的宣传画,其中还有书法家的题词;

步骤三:设置前景色为绿色,选择线性渐变工具,自右上往左下角绘制宣传画海报的背景;

步骤四:选中茶文化宣传画,通过【图像/图像大小】菜单命令,将其大小修改为宽度为 150 像素,高度为 300 像素,并复制到绿白过渡的宣传海报上,重复复制两次,得到三幅图像;

步骤五:分别选中三幅宣传画图像,通过【编辑/自由变换】菜单命令,并使用移动图像工具,围成一只茶叶包装盒;

图 5.34 宣传海报最终效果图

步骤六:在绿色茶树图像上,选择叶芽,并复制到制作的宣传海报上,通过移动工具调整好位置,宣传海报最终效果图如图 5.34 所示。

项目拓展

Photoshop CS6 中新增的内容感知移动工具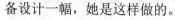,其特点就是可以将选中的图像移至其他

位置，并根据原图像周围的图像对其所在的位置进行修复处理。使用内容感知移动工具，画面显得更加自然，其工具选项属性条如图 5.35 所示。

图 5.35　内容感知移动工具属性框

步骤一：打开素材文件，如图 5.36 所示。

步骤二：选择内容感知移动工具，使其在工具选项条上设置"模式"为"移动"、"适应性"为"中"，并沿着人物身体周围绘制选区，如图 5.37 所示。

　　图 5.36　打开的素材文件　　　　　　图 5.37　绘制选区选中人物

步骤三：使用内容感知移动工具将选区中的图像向左拖动，直到人物位于画面左侧合适的位置，然后释放鼠标，此时 Photoshop 将对原图像所在的位置进行自动修复处理。

步骤四：取消选区后，可以在人物图像周围发现比较明显的痕迹，此时可通过仿制图章或修复画笔等工具对其进行处理，得到如图 5.38 所示的效果。

步骤五：若在拖动之前，在内容感知移动工具的属性选项条中设置"模式"为"扩展"，再按步骤三的方法移动选区中的图像，将会得到类似图 5.39 的复制效果。

　图 5.38　取消选区并修复后的效果　　　图 5.39　选中"扩展"模式时的移动效果

项目习题

一、选择题

1. 橡皮擦工具选项栏中有哪些橡皮类型（   ）。
   A．画笔　　　　　　B．喷枪　　　　　　C．直线　　　　　　D．块
2. 下面对背景橡皮擦工具和魔术橡皮擦工具描述正确的是（   ）。
   A．背景橡皮擦工具和魔术橡皮擦工具使用方法基本相似，背景橡皮擦工具可以将颜色擦掉变成没有颜色的透明部分
   B．魔术橡皮擦工具可以将颜色擦掉变成没有颜色的透明部分
   C．背景橡皮擦工具选项调板中的容差选项是用来控制擦除颜色的范围的
   D．魔术橡皮擦工具选项调板中的容差选项在执行后擦除图像连续的部分
3. 下列关于仿制图章工具的工具选项栏中"用于所有图层"选项说法正确的是（   ）。
   A．使用"用于所有图层"选项，可以在本图层复制其他可见图层的内容
   B．使用"用于所有图层"选项，可以在本图层复制其他任意图层的内容（包括不可见图层）
   C．使用"用于所有图层"选项，可以在本图层复制其他 Photoshop 图像窗口中的可见内容
   D．使用"用于所有图层"选项，可以在任何可见和不可见图层上复制当前图层的内容

二、操作题

1. 根据示例完成照片视角的调整（见图 5.40 及图 5.41）。

图 5.40　素材图一　　　　　　　　图 5.41　效果图

2. 根据所给的图运用修饰工具去除人物面部斑点（见图 5.42）。

图 5.42　素材图二

（说明：素材可到课程学习网站【课程习题】栏目中下载；作业请通过 E-mail 发送到老师提供的作业信箱中）

项目 6 照片色彩的调整

项目任务

小李今天调休,她去拜访在某数码影印公司实习的同学小王。小王每天的工作就是将顾客送来冲印的照片进行预处理,主要调整照片的色彩与用光。正好有一客户送来了刚去庐山旅游的照片,小李自告奋勇要求来试一试。小李是如何完成任务的?

项目要点

- 调整图像全局色彩
- 调整图像局部色彩
- 分离图像色彩

项目准备

在图像处理中,色彩设计和运用是非常重要的一个组成部分,认识、了解和掌握色彩的运用是从事平面设计工作者必须具备的基础知识。

6.1 调整图像全局色彩

Photoshop CS6 作为一个专业的平面图像处理软件,内置了多种全局色彩调整命令,通过这些命令用户可以快速实现对图像色彩的调整。

6.1.1 使用【色阶】命令调整图像

【色阶】命令常用来较精确地调整图像的中间色和对比度,是照片处理使用最频繁的命令之一。选择【图像/调整/色阶】命令,将打开如图 6.1 所示的【色阶】对话框。

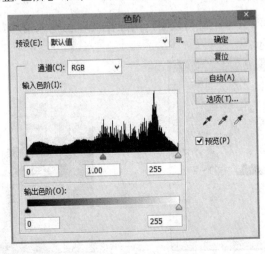

图 6.1 【色阶】对话框

现以调整一幅曝光不足的照片为例来介绍【色阶】命令的应用，其操作步骤如下。

步骤一：打开需要调整的照片，如图 6.2 所示，观察其色彩及用光情况；

步骤二：选择【图像/调整/色阶】菜单命令，打开该图像对应的【色阶】对话框，如图 6.3 所示；

图 6.2 打开的图像

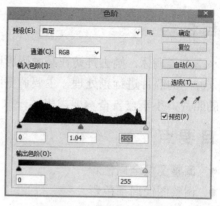
图 6.3 【色阶】对话框

步骤三：使用鼠标向左拖动白色输入滑块，如图 6.4 所示，增加曝光后的效果如图 6.5 所示；

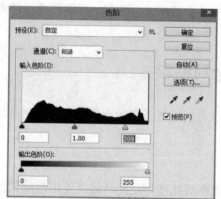
图 6.4 向左拖动白色输入滑块

图 6.5 增加图像的曝光

步骤四：此时的图像整体还显得较暗，向左拖动灰色输入滑块，如图 6.6 所示，增加亮度后的效果如图 6.7 所示；

图 6.6 向左拖动灰色输入滑块

图 6.7 增加图像的亮度

步骤五：单击【确定】按钮，将修复后的图像保存。

6.1.2 使用【曲线】命令调整图像

使用【曲线】命令也可以调整图像的亮度、对比度及纠正偏色等，与【色阶】命令相比该命令的调整更为精确。在【曲线】对话框中，单击并拖动曲线就可以改变图像的亮度。曲线向左上角弯曲时，图像变亮，向右下角弯曲时，图像变暗。曲线上比较陡直的部分代表图像对比度较高的部分，曲线上比较平缓的部分代表图像对比度较低的区域。现以增加图像的高光来介绍其调整方法，其操作步骤如下。

步骤一：打开素材照片，如图6.8所示，观察其用光情况；
步骤二：选择【图像/调整/曲线】命令，打开该图像的【曲线】对话框，如图6.9所示；

图6.8 打开的素材

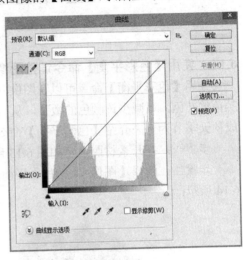

图6.9 【曲线】对话框

步骤三：将光标置于调节线的右上方，单击后增加一个调节点，如图6.10所示；
步骤四：按住鼠标左键向上方拖动添加的调节点，如图6.11所示，此时图像的亮度增加后的效果如图6.12所示。

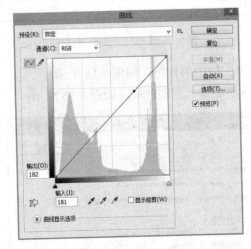

图6.10 单击增加调节点

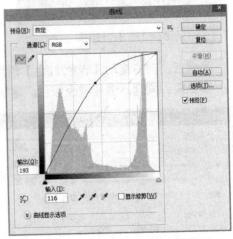

图6.11 拖动调节点

图6.12 增加亮度后的效果

6.1.3 使用【色彩平衡】命令调整图像

使用【色彩平衡】命令可以在图像原色的基础上根据需要来添加颜色，或通过增加某种颜色的补色，以减少该颜色的数量，从而改变图像的原色彩。现以一幅照片从春天季节处理成秋天季节为例来介绍【色彩平衡】命令的使用，其操作步骤如下。

步骤一：打开素材照片，如图6.13所示；

步骤二：选择【图像/调整/色彩平衡】命令，打开该图像的【色彩平衡】对话框，如图6.14所示；

图6.13 打开图像

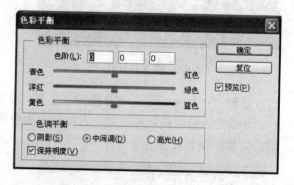

图6.14 【色彩平衡】对话框

步骤三：向右拖动【青色/红色】滑块，以减少图像中的青色，如图6.15所示；

步骤四：同理，继续减少绿色，增加黄色，以增加秋天的暖色彩，如图6.16所示；

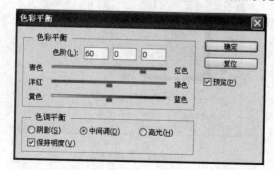

图6.15 减少青色

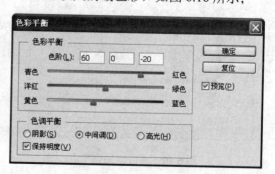

图6.16 减少绿色增加黄色

步骤五：单击【确定】按钮，将调整后的图像保存。

6.1.4 使用【亮度/对比度】命令调整图像

【亮度/对比度】命令是一个简单直接的调整命令，从名称就可以看出，它专门用于图像亮度和对比度的调整。现以修正一幅照片为例来介绍【亮度/对比度】命令的使用，其操作步骤如下。

步骤一：打开素材图片，如图 6.17 所示，发现其对比度较低且亮度较高；

步骤二：选择【图像/调整/亮度/对比度】菜单命令，打开如图 6.18 所示的对话框；

图 6.17 打开图像

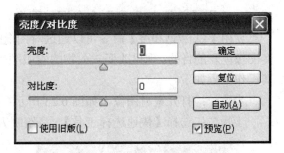
图 6.18 【亮度/对比度】对话框

步骤三：向左拖动【亮度】滑块，以降低照片的亮度，如图 6.19 所示，此时照片的效果如图 6.20 所示；

图 6.19 调整亮度参数　　　　　　　图 6.20 降低亮度后的效果

步骤四：此时照片的亮度已有所降低，但是对比度还不够，照片看起来感觉较灰，可通过调整对比度来增强对比；

步骤五：向右拖动【对比度】滑块，直到图像中颜色对比发生明显的改变，如图 6.21 所示，增强对比后的效果如图 6.22 所示；

步骤六：单击【确定】按钮，并将调整后的图像保存。

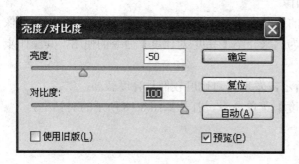
图 6.21　调整对比度参数

图 6.22　增加对比度后的效果

6.1.5　使用【色相/饱和度】命令调整图像

使用【色相/饱和度】命令可以通过对图像的色相、饱和度和亮度进行调整，从而达到改变图像色彩的目的。现以改变一人物的衣服颜色为例来介绍【色相/饱和度】命令的使用方法，其操作步骤如下。

步骤一：打开素材图像，如图 6.23 所示；

步骤二：选择【快速选择工具】，将绘制人物外套部分选区，如图 6.24 所示；

图 6.23　打开素材图像

图 6.24　绘制人物外套部分选区

步骤三：选择【图像/调整/色相/饱和度】菜单命令，打开【色相/饱和度】对话框；

步骤四：向左拖动【色相】滑块，如图 6.25 所示，使选区内外套的颜色为蓝色。同时调整【饱和度】和【明度】滑块，效果如图 6.26 所示；

图 6.25　【色相/饱和度】对话框

图 6.26　改变外套颜色后的效果

步骤五：单击【确定】按钮，关闭【色相/饱和度】对话框，取消选区后将调整后的图像文件保存。

6.1.6 使用【通道混合器】命令调整图像

使用【通道混合器】命令可以将图像不同通道中的颜色进行混合，从而达到改变图像色彩的目的。现以将一照片中的白色荷花调整成粉红色为例来介绍【通道混合器】命令的使用，其操作步骤如下。

步骤一：打开素材照片，如图 6.27 所示；

步骤二：选择【图像/调整/通道混合器】命令，打开【通道混合器】对话框，如图 6.28 所示；

图 6.27 打开素材图像

图 6.28 【通道混合器】对话框

步骤三：要增加图像中的红色，应设置要混合的通道为【红】通道，然后增加其他通道中的红色即可。参数如图 6.29 所示，最终效果如图 6.30 所示；

图 6.29 调整通道参数

图 6.30 增加红色后的最终效果

步骤四：单击【确定】按钮，关闭【通道混合器】对话框，将调整后的图像文件保存。

6.1.7 使用【渐变映射】命令调整图像

使用【渐变映射】命令可以使用渐变颜色对图像进行叠加，从而改变图像色彩。现以将一照片处理成简单夜景效果为例来说明【渐变映射】命令的使用，其操作步骤如下：

步骤一：打开素材照片，如图 6.31 所示；

步骤二：选择【图像/调整/渐变映射】菜单命令，打开【渐变映射】对话框，如图 6.32 所示；

图 6.31　打开素材图像

图 6.32　【渐变映射】对话框

步骤三：单击渐变样本显示框，在打开的【渐变编辑器】对话框中添加一个颜色块，并从左到右依次将颜色设置为黑色、褐色和黄色，如图 6.33 所示；

步骤四：单击【确定】按钮返回【渐变映射】对话框，再次单击【确定】按钮得到图 6.34 所示的夜景效果；

图 6.33　编辑渐变色

图 6.34　简单的夜景效果

步骤五：保存设置夜景效果后的图像文件。

6.1.8 使用【变化】命令调整图像

使用【变化】命令可以直观地为图像增加或减少某些色彩，还可以方便地控制图像的明暗关系。现以修正一幅曝光不足的风景照为例来介绍【变化】命令的使用，其操作步骤如下。

步骤一：打开素材照片，如图 6.35 所示，通过观察发现该图像光线偏暗，并且存在过多的蓝色调；

步骤二：选择【图像/调整/变化】菜单命令，打开变化对话框，如图 6.36 所示；

步骤三：要去除照片中过多的蓝色，只需要增加黄色即可，将鼠标移动到【加深黄色】缩略图上，连续单击以增加黄色到适合为止；

步骤四：要改变照片曝光不足的现象，将鼠标光标移至【较亮】缩略图上单击，以增加照片亮度；

步骤五：单击【确定】按钮，保存调整后的照片。

图 6.35 打开素材图像

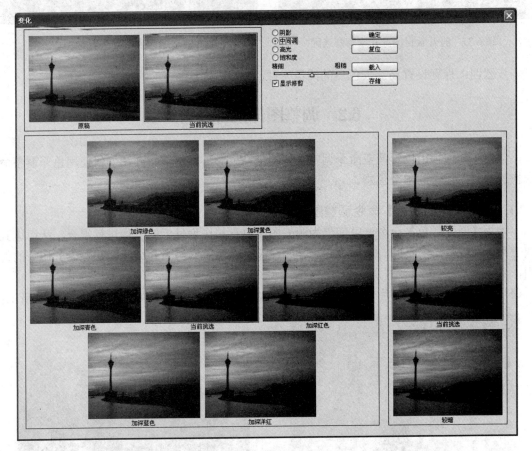

图 6.36 【变化】对话框

6.1.9 使用【去色】命令调整图像

使用【去色】命令可去除图像中的所有颜色，从而使图像呈单色显示。现以去除图像中局部区域的颜色为例来介绍【去色】命令的使用，其操作步骤如下。

步骤一：打开素材图像；

步骤二：使用工具箱中的【快速选择工具】，将荷花绘制成选区。选择【选择/反向】菜单命令，将荷花外部分作为选区选中，如图6.37所示；

步骤三：选择【图像/调整/去色】命令，系统会自动去除选区内的图像的颜色，效果如图6.38所示；

图6.37　打开素材图像并绘制好选区　　　　图6.38　局部去除颜色后的效果

步骤四：保存设置局部去色后的图像文件。

6.2　调整图像局部色彩

学习了如何使用色彩调整命令调整图像的全局色彩后，本节将介绍如何使用色彩调整命令快速调整图像中的部分色彩。

6.2.1　使用【匹配颜色】命令调整图像

使用【匹配颜色】命令可以使作为源的图像色彩与作为目标的图像进行混合，从而达到改变目标图像色彩的目的。现以改变一幅照片天空的颜色为例来介绍【匹配颜色】命令的使用，其操作步骤如下。

步骤一：打开素材照片一（6-39.jpg）和素材照片二(6-40.jpg)，如图6.39和图6.40所示；

图6.39　打开素材照片一（6-39.jpg）　　　　图6.40　打开素材照片二（6-40.jpg）

步骤二：将素材照片二作为当前工作图像，选择【图像/调整/匹配颜色】菜单命令，打开【匹配颜色】对话框；

步骤三：在【源】下拉列表中选择素材照片一作为要匹配的图像，如图 6.41 所示；

步骤四：设置了源图像后，系统会自动按照【匹配颜色】对话框中的默认参数对目标图像的色彩进行调整，通过【明亮度】滑块来调节图像的明亮程度，通过【颜色强度】滑块来调节目标图像的色彩饱和度，通过【渐隐】滑块来调节源图像色彩的混合量，匹配颜色后的效果图如图 6.42 所示；

步骤五：单击【确定】按钮，将设置好了的图像保存。

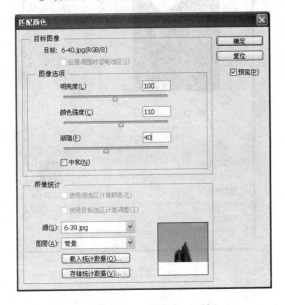

图 6.41 【匹配颜色】对话框

图 6.42 匹配颜色后的效果图

6.2.2 使用【替换颜色】命令调整图像

使用【替换颜色】命令可以改变图像中某些区域中颜色的色相、饱和度、明暗度，从而达到改变图像色彩的目的。现以改变一花瓣的颜色为例来介绍【替换颜色】命令的使用，其操作步骤如下。

步骤一：打开素材照片，如图 6.43 所示；

步骤二：选择【图像/调整/替换颜色】菜单命令，打开【替换颜色】对话框，如图 6.44 所示；

步骤三：单击【添加到取样】按钮，设置【颜色容差】为 20，然后在玫瑰花瓣中不同的部位单击以增加颜色取样，直到预览框中花瓣全部呈现白色为止，如图 6.45 所示；

步骤四：拖动色相滑块，使【结果】颜色块变为金黄色为止，如图 6.46 所示；

步骤五：调整饱和度和明度滑块到合适的位置，使图像效果达到最佳，如图 6.47 所示；

步骤六：单击【确定】按钮，保存替换颜色后的图像。

图 6.43 打开素材图像

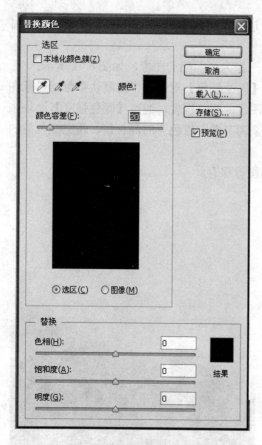

图 6.44 【替换颜色】对话框

图 6.45 增加颜色取样

图 6.46 调整取样颜色色相

图 6.47 替换颜色后的最终效果

6.2.3 使用【可选颜色】命令调整图像

使用【可选颜色】命令可对 RGB、CMYK 和灰度等模式的图像中的某种颜色进行调整而不影响其他颜色，其操作步骤如下。

步骤一：打开要调整的图像；

步骤二：选择【图像/调整/可选颜色】菜单命令，打开【可选颜色】对话框，并在【颜色】下拉列表中选择要调整的颜色，如图 6.48 所示；

步骤三：通过拖动参数控制区中不同的滑块来改变所选颜色的显示效果即可，如图 6.49 所示。

 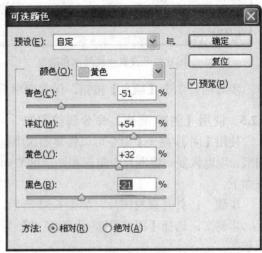

图 6.48　选择要调整的颜色　　　　　图 6.49　调整参数改变颜色显示

6.2.4 使用【照片滤镜】命令调整图像

使用【照片滤镜】命令可以模拟传统光学滤镜特效，以使图像呈暖色调、冷色调或其他颜色色调显示，现以将一幅照片调整为暖色调为例来说明【照片滤镜】命令的使用，其操作步骤如下。

步骤一：打开素材照片，如图 6.50 所示；

步骤二：选择【图像/调整/照片滤镜】菜单命令，打开【照片滤镜】对话框，如图 6.51 所示；

 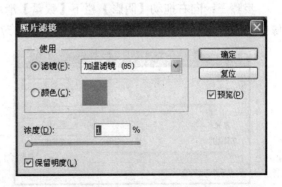

图 6.50　打开素材文件　　　　　　图 6.51　【照片滤镜】对话框

步骤三：选择【颜色】选项，单击调色块，选择青色，如图 6.52 所示。调整浓度滑块，直到满意效果为止，如图 6.53 所示；

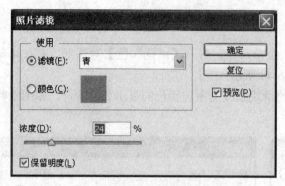

图 6.52　设置滤镜颜色和浓度

图 6.53　设置滤镜后的效果图

步骤四：单击【确定】按钮，保存调整后的图像文件。

6.2.5　使用【阴影/高光】命令调整图像

使用【阴影/高光】命令可以修复图像中过亮或过暗的区域，从而使图像尽量显示更多的细节。现以恢复一幅图片中暗部和亮部细节为例来介绍【阴影/高光】命令的使用，其操作步骤如下。

步骤一：打开素材图片，如图 6.54 所示，该图片暗处过暗，亮处偏亮；

步骤二：选择【图像/调整/阴影/高光】菜单命令，打开【阴影/高光】对话框，如图 6.55 所示；

图 6.54　打开素材图像

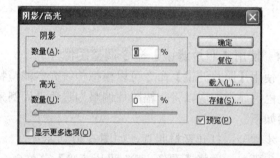

图 6.55　【阴影/高光】对话框

步骤三：向右拖动【阴影】栏下【数量】滑块，如图 6.56 所示，这样就适当地降低了图像中的阴影，显示出更多的暗部细节，如图 6.57 所示；

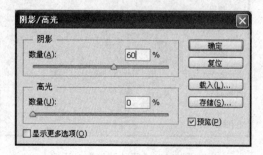

图 6.56　调整【阴影】参数

图 6.57　显示暗部图像

步骤四：向右拖动【高光】栏下【数量】滑块，如图 6.58 所示，这样就适当地增强了图像中的亮部细节，如图 6.59 所示；

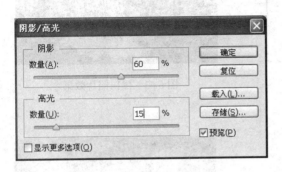

图 6.58　调整【高光】参数

图 6.59　增加亮部细节

步骤五：单击【确定】按钮，将调整后的图像保存。

6.3　分离图像色彩

图像的色彩可以进行分离，通过分离可以将图像处理成特殊的效果，本节将介绍使用【阈值】和【色调分离】命令来分离色彩。

6.3.1　使用【阈值】命令分离图像

使用【阈值】命令可以将图像转换为高对比度的黑白图像，此处结合【渐隐】命令来制作一幅简单的艺术画为例来介绍【阈值】命令的使用，其操作步骤如下：

步骤一：打开素材照片，如图 6.60 所示；

步骤二：选择【图像/调整/阈值】菜单命令，打开【阈值】对话框，如图 6.61 所示；

图 6.60　打开素材图像

图 6.61　【阈值】对话框

步骤三：拖动对话框底部的滑块，如图 6.62 所示，单击【确定】按钮，得到如图 6.63 所示的效果；

步骤四：选择【编辑/渐隐阈值】菜单命令，在打开的对话框中将参数设置成如图 6.64 所示，单击【确定】按钮，得到如图 6.65 所示的艺术效果；

图 6.62 调整色阶

图 6.63 黑白照片效果

步骤五：将调整后的图像保存。

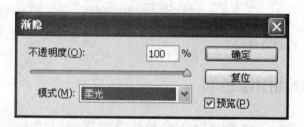
图 6.64 【渐隐阈值】对话框

图 6.65 调整后的效果

6.3.2 使用【色调分离】命令分离图像

使用【色调分离】命令可以指定图像的色调级数，并按此级将图像的像素映射为最接近的颜色。现以制作一幅多色调照片为例来介绍【色调分离】命令的使用，其操作步骤如下。

步骤一：打开素材照片，如图 6.66 所示；

步骤二：选择【图像/调整/色调分离】菜单命令，打开【色调分离】对话框，如图 6.67 所示；

图 6.66 打开素材图像

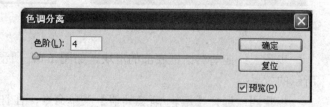
图 6.67 【色调分离】对话框

步骤三：设置【色阶】值为6，如图6.68所示，单击【确定】按钮，得到如图6.69所示的效果；

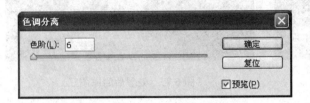

图6.68　设置【色阶】值为6

图6.69　色调分离最终效果

步骤四：将调整后的图像保存。

项目实现

小李今天调休，她去拜访了在某数码影印公司实习的同学小王。小王每天的工作就是将顾客送来冲印的照片进行预处理，主要调整照片的色彩与用光。正好有一客户送来了刚去庐山旅游的照片，小李自告奋勇要求来试一试。小李任务实现的具体步骤省略，这里只将其中的四幅图片处理前后的效果展示一下，如图6.70～图6.77所示。

图6.70　原图一

图6.71　处理后的原图一

图6.72　原图二

图6.73　处理后的原图二

图 6.74　原图三　　　　　　　　　图 6.75　处理后的原图三

图 6.76　原图四　　　　　　　　　图 6.77　处理后的原图四

项目拓展

一、调整命令使用技巧之使用预设

在 Photoshop CS6 版本中，许多调整图像有了预设功能，图 6.78 所示为有预设功能的几个调整命令的对话框。

这一功能大大简化了调整命令的使用方法。例如，对于"曲线"命令可以在"预设"下拉菜单中选择一个 Photoshop 自带的调整方案，图 6.79 所示是原图像，图 6.80、图 6.81 和图 6.82 所示则分别是设置为"反冲"、"彩色负片"和"强对比度"以后的效果。

对于那些不需要得到较精确的调整效果的用户而言，此功能大大简化了操作步骤。

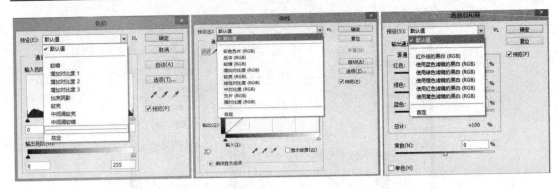

图6.78 有预设功能的调整命令

图6.79 素材图像

图6.80 "反冲"方案的效果

图6.81 "彩色负片"方案的效果

图6.82 "强对比度"方案的效果

二、调整命令使用技巧之存储参数

如果某调整命令有预设参数，则在预设菜单的右侧将显示用于保存或调用参数的按钮 ≡。

如果需要将调整命令对话框中的参数设置保存为一个设置文件，以便在以后的工作中使用，可单击 ≡ 按钮，在弹出的菜单中选择"存储预设"命令，如图6.83所示，在弹出的对话框中输入文件名称。

如果要调用参数设置文件，可以单击 ≡ 按钮，在弹出的菜单中选择"载入预设"命令，在弹出文件选择对话框中选择该文件即可。

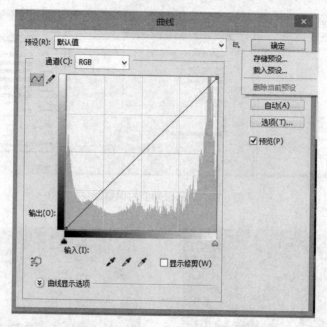

图 6.83　保存调整参数的对话框

项目习题

一、选择题

1. 对于曲线，下列说法不正确的一项是（　　）。
   A. 使用曲线可以将图像调整为反相效果　　B. 使用曲线可以调整图像的一些细节
   C. 曲线可以完成色阶的功能　　D. 曲线可以完成颜色模式的转化
2. 图像在转成 CMYK 模式后失去了图像原有的鲜艳度，使用下列哪种方法可以令图像恢复原有的鲜艳度（　　）？
   A. 图像>调整>色阶
   B. 图像>调整>曲线
   C. 图像>调整>亮度/对比度
   D. 图像>调整>色相/饱和度
3. 对于"阴影/高光"理解正确的是（　　）。
   A. 在对阴影进行调整时，高光部分的亮度也有很大幅度的增加
   B. 对高光部分进行调整时，对阴影部分的影响很小
   C. 对于亮度过低的图像部分，使用"阴影/高光"可以将其调整为正常
   D. 对于亮度过高的图像部分，使用"阴影/高光"可以将其调整为正常

二、操作题

拍摄所在城市风景照 10 张，对它们进行图像色彩的调整。将处理前后的照片通过 E-mail 发送到教师指定的上交作业信箱中。

项目 7　橱窗广告的设计

项目任务

小李在经典公司实习,看了大量的广告作品效果图。她对其中一幅为公交站台橱窗设计的主题为"诗画瘦西湖,人文古扬州"的广告非常喜欢,觉得也不复杂,决定仿制一幅。小李最终做得如何呢?

项目要点

- 认识图层
- 图层的基本操作
- 添加图层样式

项目准备

7.1　认识图层

图层是 Photoshop 的核心功能之一,有了它才能随心所欲地对图像进行编辑与修饰,没有图层则很难通过 Photoshop 处理出优秀的作品。

使用图层可以在不影响图像中其他图素的情况下处理某一图素。可以将图层想象成是一张张叠起来的醋酸纸,如图 7.1 所示。如果图层上没有图像,就可以一直看到底下的图层。通过更改图层的顺序和属性,可以改变图像的合成。另外,调整图层、填充图层和图层样式这样的特殊功能可用于创建复杂效果。

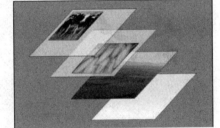

图 7.1　图层想象效果图

7.1.1　图层的概念

当新建一个图像文件时,系统会自动在新建的图像窗口中生成一个图层,这时用户就可以使用绘图工具在图层上进行绘图。由此可以看出,图层是用来装载各种各样的图像的,它是图像的载体,没有图层,图像是不存在的。

图层具有两个特点:一是一个完整的图像是由各个层自上而下叠放在一起组合成的。最上层的图像将遮住下层同一位置的图像,而在透明区域可以看到下层的图像;二是每个图层上的内容是分别独立的,很方便进行分层编辑,并可为图层设置不同的混合模式及透明度。

一个图像是由若干个图层组成的,图 7.2 就是由图 7.3~图 7.6 四个图层组成的。

图 7.2 图像效果

图 7.3 背景图层

图 7.4 图层 1

图 7.5 图层 2

图 7.6 图层 3

图 7.7 【图层】控制面板

7.1.2 认识【图层】控制面板

系统默认情况下,【图层】控制面板位于工作界面的右侧,它用于存储、创建、复制或删除等图层的管理工作。在【图层】控制面板中自上而下列出了图像所包含的所有图层,对图层进行的各项操作都可以在【图层】控制面板中完成。打开一幅具有多图层的图像,如图 7.2,其对应的【图层】控制面板如图 7.7 所示。

【图层】控制面板中最底部的图层称之为背景图层,其右侧有一锁形图标,表示它被锁定,不能进行移动、更名等操作。其他图层位于背景图层之上，可以进行任意移动或更名等常用操作。图层的最初命名是由系统自动生成的，也可以根据需要将其指定成另外的名称，以便管理，其操作步骤如下。

步骤一：在要重命名的图层名称上双击，此时图层名称呈现可编辑状态，如图 7.8 所示；

步骤二：输入所需的名称后，单击其他任意位置即可完成重命名的操作，如图 7.9 所示。

如果图层中的图像将图层全覆盖，如图 7.3 所示，该图层上的图像将遮住其下的图层中的图像，使它们不能被看到；如果没有装满时，如图 7.4、图 7.5 和图 7.6 所示，空白的地方将以灰白相间的方格显示，表示该区域为透明区域，透过透明区域可以看到下面图层中的图像。

图 7.8　图层名称呈可编辑状态　　　　图 7.9　重命名后的图层名

7.2　图层的基本操作

通过【图层】控制面板，用户可以方便地实现图层的创建、复制、删除、排序、对齐、链接和合并等操作，这也是制作复杂图像必须掌握的知识。

7.2.1　新建图层

创建图层，首先要新建或打开一个图像文档，【图层】控制面板如图 7.10 所示，可以通过【图层】控制面板快速创建，也可以通过菜单命令来创建图层。

（1）通过【图层】控制面板创建图层

单击【图层】控制面板底部的【创建新图层】按钮，可以快速创建具有默认名称的新图层，图层名依次为【图层 1、图层 2、图层 3……】，如图 7.11 所示。

图 7.10　新创建文件的背景图层　　　　图 7.11　创建的具有默认名的新图层

(2) 通过菜单命令创建图层

通过菜单命令创建图层，不但可以定义图层在【图层】控制面板中的显示颜色，还可以定义图层的混合模式、不透明度和名称等。下面以创建两个不同属性的图层来介绍其创建过程，操作步骤如下。

步骤一：新建一个任意大小的新图像文档；

步骤二：选择【图层/新建/图层】菜单命令，打开【新建图层】对话框，在【名称】文本框中输入【ZHB 的图层】，在颜色下拉列表框中选择【橙色】选项，如图 7.12 所示；

步骤三：单击【确定】按钮，这样就新建了一个名称为"ZHB 的图层"，并在【图层】控制面板中呈橙色显示的新图层，如图 7.13 所示；

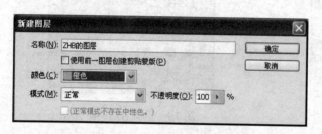
图 7.12 【新建图层】对话框

图 7.13 创建的新图层

步骤四：重复步骤二和步骤三的操作方法，再创建一个名称为【ZHB 的图层 2】，呈绿色显示，模式为【叠加】的新图层，参数设置如图 7.14 所示，创建后的图层如图 7.15 所示。

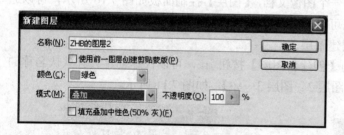
图 7.14 【新建图层】对话框

图 7.15 创建的新图层

7.2.2 复制图层

复制图层就是为已存在的图层创建图层副本。

(1) 通过菜单命令复制图层

通过菜单命令可以为当前已打开的不同图像创建新的图层，其操作步骤如下。

步骤一：将工作界面中的任意一个图像文档置为当前工作图像，并在【图层】控制面板中单击选择要复制的源图层；

项目 7　橱窗广告的设计

步骤二：选择【图层/复制图层】菜单命令，打开【复制图层】对话框；
步骤三：在【为（A）】文本框中输入新图层的名称，在【文档】下拉列表框中选择新图层要放置的图像文档，如图7.16所示；
步骤四：单击【确定】按钮，这样就完成了图层的复制，如图7.17所示。

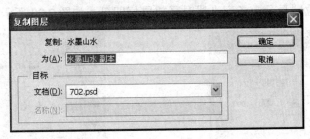

图7.16　【复制图层】对话框

（2）通过【图层】控制面板复制图层
通过【图层】控制面板复制图层是使用最多的一种图层复制方法，其操作步骤如下。
步骤一：在【图层】控制面板中拖动要复制的图层至底部的【创建新图层】按钮 上，此时鼠标指针形状变成手形图标；

图7.17　复制的新图层

图7.18　复制的新图层

步骤二：释放鼠标后就可以复制生成新的图层，如图7.18所示。

7.2.3　删除图层

对于不再使用的图层，可以将其删除，删除图层后该图层中的图像也将被删除，删除图层有两种方法。
（1）通过菜单命令删除图层
步骤一：在【图层】控制面板中选择要删除的图层；
步骤二：选择【图层/删除/图层】菜单命令，执行即可。
（2）通过【图层】控制面板删除图层
步骤一：在【图层】控制面板中选择要删除的图层；
步骤二：单击【图层】控制面板底部的【删除图层】按钮 即可。

7.2.4 调整图层排列的顺序

图层中的图像具有上层覆盖下层的特性，所以适当地调整图层的排列顺序可以帮助制作出更为丰富的图像效果。

调整图层排列顺序的操作方法非常简单，只需按住鼠标左键将图层拖至目标位置，如图 7.19 所示。当目标位置显示一条高光线时释放鼠标即可，如图 7.20 所示。

图 7.19　拖动图层到想要的位置

图 7.20　调整顺序后的图层

7.2.5 选择图层

只有正确地选择了图层，才能正确地对图像进行编辑及修饰，选择图层有三种方法。

（1）选择单个图层

如果要选择某个图层，只需要在【图层】控制面板中单击要选择的图层即可，被选择的图层背景呈蓝色显示，如图 7.21 所示。

（2）选择多个连续图层

Photoshop CS6 允许用户同时选择多个连续图层，其操作步骤如下。

步骤一：选择要选择的多个连续图层的最边缘图层，如图 7.21 所示；

步骤二：按住 Shift 键，同时单击另一侧边缘的图层，这样就可以将多个连续的图层一并选中，如图 7.22 所示。

图 7.21　选择【背景】图层

图 7.22　选择连续的多个图层

（3）选择多个不连续图层

如果要选择多个不连续的图层，其操作步骤如下。

步骤一：选择要选择的多个不连续图层中的一个图层，如图 7.23 所示；

步骤二：按住 Ctrl 键，同时单击其他需要选择的图层，这样就可以将多个不连续的图层选中，如图 7.24 所示。

图 7.23　选择【水墨山水】图层

图 7.24　选择不连续的多个图层

7.2.6　链接图层

图层的链接是指将多个图层链接成一组，可以同时对链接的多个图层进行移动、变换和复制操作。其操作步骤为：首先选择要链接的图层，如图 7.25 所示；单击【图层】控制面板底部的【链接图层】按钮 ，此时链接后的图层的右侧会出现链接图标 ，表示被选择的图层已被链接，如图 7.26 所示。

图 7.25　选择要链接的图层

图 7.26　图层链接

7.2.7　对齐与分布图层

Photoshop CS6 允许用户同时对选择的图层进行对齐和分布，从而实现图像间的精确移动。此项操作通过【图层/对齐/……】和【图层/分布/……】菜单命令或通过移动工具属性栏中的选项来实现。

（1）对齐图层

此命令可以将所选图层中的内容对齐，现以一例来说明其菜单命令的操作方法。

步骤一：打开一幅随机排列的五个福娃的图像文件，如图 7.27 所示，其【图层】控制面板情况如图 7.28 所示；

图 7.27　原始图像文件

步骤二：选择要对齐的图层，在本例中需要对齐的图层是【图层 1，图层 2，……，图层 5】，如图 7.29 所示；

图 7.28　原文件图层信息

图 7.29　选择需要对齐的图层

步骤三：选择【图层/对齐/垂直居中】菜单命令并执行，则图层对齐后效果如图 7.30 所示。

项目 7　橱窗广告的设计

图 7.30　垂直中心对齐后的福娃图片

（2）分布图层

此命令可以平均间隔排列选中图层中的内容，其操作方法类似于对齐图层。

7.2.8　合并图层

合并图层就是将两个或两个以上的图层合并到一个图层上。较复杂的图像处理完成后，一般都会产生大量的图层，这会使图像文件变大，使电脑处理速度变慢，此时可根据需要对图层进行合并，以减少图层的数量。

（1）向下合并图层

向下合并图层就是将当前图层与它底部的第一个图层进行合并，通过【图层/向下合并】菜单命令进行操作，如图 7.31、图 7.32 所示。

图 7.31　合并操作前的图层

图 7.32　合并操作后的图层

（2）合并可见图层

合并可见图层就是将当前所有的可见图层合并成一个图层，选择【图层/合并可见图层】命令进行操作，如图 7.33、图 7.34 所示。

　　图 7.33　合并操作前的图层　　　　　　图 7.34　合并操作后的图层

（3）拼合图层

拼合图层就是将所有可见图层进行合并，而隐藏的图层将被丢弃，选择【图层/拼合图像】菜单进行操作，如图 7.35、图 7.36 所示。

　　图 7.35　拼合操作前的图层　　　　　　图 7.36　拼合操作后的图层

7.3　添加图层样式

　　Photoshop CS6 允许为图层添加样式，使图像呈现不同的艺术效果。Photoshop CS6 内置了 10 多种图层样式，使用它们只需要简单设置几个参数就可以轻易地制作出投影、外发光、内发光、浮雕、描边等效果。为图层添加图层样式是通过在【图层样式】对话框中设置相应的参数来实现的，现以为一个招贴画中文字添加效果分别来介绍图层样式的使用方法。

7.3.1 投影样式

投影样式用于模拟物体受光后产生的投影效果，主要用来增加图像的层次感，生成的投影效果是沿图像的边缘向外扩展。添加投影样式的操作步骤如下。

步骤一：打开招贴画文件；

步骤二：在工具箱中选择【文字工具】，输入文字【中国心】并通过工具属性栏设置文字格式，如图 7.37 所示；

步骤三：单击【图层】控制面板底部的 fx 按钮，在弹出的快捷菜单中选择【投影】命令，如图 7.38 所示；

图 7.37 输入文本的招贴画

图 7.38 选择投影样式

步骤四：在打开的【图层样式】对话框中右侧的投影参数控制区中设置相关的参数，通过预览效果直至满意为止，如图 7.39 所示；

步骤五：单击【确定】按钮，为文本内容添加投影样式后的效果如图 7.40 所示。

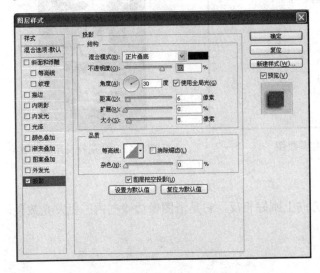

图 7.39 设置投影参数

图 7.40 添加投影样式后的文本

7.3.2 内阴影样式

内阴影样式沿图像边缘向内产生投影效果,刚好与投影样式产生效果方向相反,其参数设置也大致相同。图 7.41 是原文本,设置内阴影样式参数如图 7.42 所示,图 7.43 是添加内阴影后的效果。

 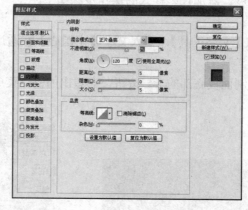 

图 7.41　文本原文件　　　　图 7.42　设置内阴影样式参数　　　　图 7.43　设置内阴影样式后的效果

7.3.3 外发光样式

外发光样式沿图像边缘向外生成类似发光的效果。原文本如图 7.41 所示,设置外发光参数图如图 7.44 所示,图 7.45 是设置外发光后的效果。

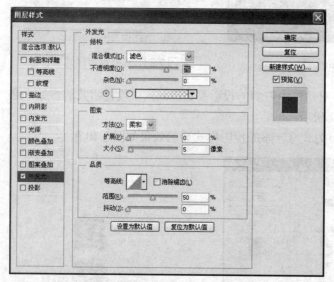 

图 7.44　设置外发光参数图　　　　图 7.45　设置外发光后的效果

7.3.4 内发光样式

内发光与外发光在产生效果的方向上刚好相反,它是沿图像边缘向内产生发光效果,其参数的设置也是一样的。

7.3.5 斜面和浮雕样式

斜面和浮雕样式用于增加图像边缘的暗调和高光,使图像产生立体感,设置斜面与浮雕参数如图 7.46 所示，图 7.47 是设置斜面与浮雕后的效果。

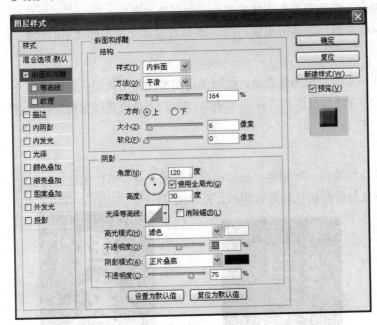

图 7.46　设置斜面与浮雕参数　　　　图 7.47　设置斜面与浮雕后的效果

7.3.6　光泽样式

光泽样式通常用于制作光滑的磨光或金属效果。其参数设置的方法与前面的几种非常相似。图 7.48 是设置光泽样式后的效果。

7.3.7　颜色叠加样式

颜色叠加样式就是使用一种颜色覆盖在图像的表面，其参数设置的方法与前面的几种非常相似。图 7.49 是设置颜色叠加样式后的效果。

图 7.48　设置光泽样式后的效果　　　　图 7.49　设置颜色叠加样式后的效果

7.3.8 渐变叠加样式

渐变叠加样式是使用一种渐变颜色覆盖在图像的表面，如同使用渐变工具填充图像或选区一样，其参数设置的方法与前面的几种非常相似。图7.50是设置渐变叠加样式后的效果。

7.3.9 图案叠加样式

图案叠加样式是使用一种图案覆盖在图像表面，如同使用图案图章工具用一种图案填充图像或选区一样，其参数设置的方法与前面的几种非常相似。图7.51是设置图案叠加样式后的效果。

7.3.10 描边样式

使用描边样式可以沿图像边缘填充一种颜色，如同使用【描边】命令描图像边缘或选区边缘一样，其参数设置的方法与前面的几种非常相似，图7.52是设置描边样式后的效果。

图7.50 设置渐变叠加样式后的效果　　图7.51 设置图案叠加样式后的效果　　图7.52 设置描边样式后的效果

项目实现

小李在经典公司实习，看了大量的广告作品效果图。她对其中一幅为公交站台橱窗设计的主题为"诗画瘦西湖，人文古扬州"的广告非常喜欢，觉得也不复杂，决定仿制一幅。小李最终的作品效果如图所示，她实现的步骤如下。

步骤一：通过网络下载几幅扬州自然风景和反映古扬州特色的图片；

步骤二：新建一图像文件，要求背景为白色，宽为700像素，高为450像素；

步骤三：选择下载的瘦西湖风光照片，并调整大小为：宽500像素，高的像素在保持纵横比的情况下等比例缩小；

步骤四：选择前景色为白色，选择渐变工具，渐变样式设定为前景到透明，从上、下两个方向对瘦西湖风光图片进行渐变处理，实现图片上下边缘与画布的柔和过渡；

步骤五：打开四幅古扬州风光图片，将它们的大小宽度全部调整为150像素；

步骤六：选择椭圆选区工具，按住Shift键，分别在古扬州风光图片中绘制适当选区，设置羽化半径为5px，然后复制到主图像文件中，选择移动工具，复制上来的图片移动至图像下部合适的位置；

步骤七：重复步骤六的操作，一共添加四幅古扬州风光图片，效果如图7.53所示。

图7.53 公交站台橱窗广告效果图

步骤八：加上文字图层，并设置了图层样式，这样公交站台橱窗广告就完成了。

项目拓展

使用Photoshop 3D功能，设计可以很轻松地将三维立体元素引入到当前操作的Photoshop图像中，从而为平面图像增加三维元素。Photoshop支持多种3D文件格式，可以处理和合并现有的3D对象、创建新的3D对象、编辑和创建3D纹理，组合3D对象与2D对象等。现介绍两种3D功能，让大家对其有个初步了解。

（1）创建3D明信片

使用【明信片】命令可以将平面图像转换为3D明信片的贴图材料，该平面图层也相应地被转换为3D图层，其操作步骤如下：

步骤一：打开素材图像文件，如图7.54所示；

步骤二：执行【3D/从图层新建网格/明信片】菜单命令，系统运算后生成3D明信片，图7.55是使用此命令后在3D空间内进行旋转后的效果。

（2）创建3D形状

在Photoshop CS6中，可以创建新的3D模型（如锥形、立方体或圆柱体等），并在3D空间中移动此3D模型、更改其渲染设置、添加灯光或者将其与其他3D图层合并等。值得注意的是，要创建3D模型应该在"图层"面板中选择一个2D图层，否则无法激活操作菜单。现以创建圆柱体模型为例来介绍使用方法，其操作步骤如下：

图 7.54　素材图像

图 7.55　在 3D 空间内进行旋转后的效果

步骤一：仍以上面的素材图像为例，复制背景图层。将背景图层显示状态设置为隐藏，以复制的背景图层副本为当前图层；

步骤二：执行【3D/从图层新建网格/网格预设】菜单命令，然后在其下一级菜单中选择圆柱体形状；

步骤三：系统运算后生成具有 3D 效果的圆柱体，可以通过旋转、缩放等操作对其进行基本编辑，效果如图 7.56 所示。

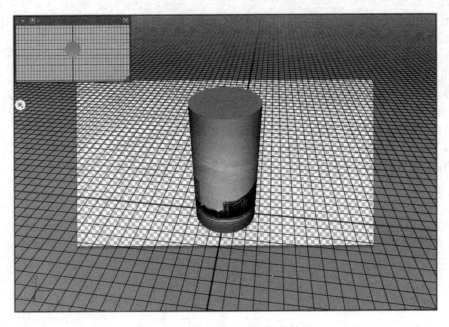

图 7.56 旋转后的 3D 圆柱体效果

项目习题

一、选择题

1. 将背景图层转换为普通图层，下列说法正确的是（　　）。
   A. 将图层调板中背景图层的缩略图拖到图层调板中的"创建新图层"按钮上即可
   B. 执行"图层>新建>背景图层"命令，可弹出对话框，确定即可
   C. 双击背景图层的缩略图，可弹出对话框，确定即可
   D. 将图层调板中背景图层的缩略图拖到图层调板中的"删除图层"按钮上即可

2. 下面对图层组描述正确的是（　　）。
   A. 在图层调板底部中单击"创建新组"按钮可以新建一个图层组
   B. 可以将所有链接图层一次性拖放到一个新的图层组中
   C. 按住 Ctrl 键的同时用鼠标单击图层调板底部"创建新组"按钮，可以弹出"图层组属性"对话框
   D. 在图层组内可以对图层进行删除和复制

3. 关于将文字图层栅格化的说法正确的是（　　）。
   A. 对于文字图层执行滤镜命令时，将自动弹出警告对话框，选择"确定"按钮，文字图层将被栅格化并执行滤镜命令
   B. 使用画笔工具单击图像中的文字图层，将自动弹出警告对话框，选择"确定"按钮，文字图层将被栅格化
   C. 执行"图层>栅格化>文字"命令
   D. 在图层调板中按住 Alt 键，双击文字图层，将弹出警告对话框，选择"确定"按钮，文字图层被栅格化

4. 关于图层样式，下列不正确的说法是（　　）。
   A. 对于一个图层使用图层样式后，其原图像将被破坏
   B. 对图层添加了多个图层样式后，不能将其中的一个图层样式取消
   C. 两个图层分别作用了图层样式，如果两个图层合并那么图层样式也将合并
   D. 图层样式与图层无关，不依赖图层而存在

5. 在一个图层中，使用选区将图像的一部分进行选取，然后对该图像添加图层样式，那么（   ）。
   A. 仅选区内的图像被添加了图层样式
   B. 对选区内的图像可以添加个别的图层样式
   C. 不能对一个图层的部分图像进行图层样式的添加
   D. 带有选区的图层将不能添加图层样式

二、操作题
1. 以自己所就读学院校庆为主题，设计一幅校庆宣传画。
2. 以【金秋】为主题，设计一幅自然风光明信片。
（说明：素材请到网络上查找并下载；作业请通过 E-mail 发送到老师提供的作业信箱中）

项目 8　自荐材料封面的设计

项目任务

小李在邗城职业技术学院有一个非常要好的朋友，暑假后要上大三了。她听说小李在经典广告公司实习，希望小李能为她设计一份个人自荐材料的封面，这样下学期找工作的时候用得上。小李想朋友的事就是自己的事，这忙一定帮。那么小李是如何完成这一任务的呢？

项目要点

- 文本的输入
- 文本的编辑
- 创建文字选区

项目准备

8.1　文本的输入

文字是各类设计作品中不可缺少的元素，作为点题、说明、装饰，文字都有着不可替代的作用。

8.1.1　认识文字工具

要输入文字，首先要认识输入文字的工具。右键单击工具箱中的 T 字形工具，将显示出如图 8.1 所示的下拉列表工具组，其中各按钮的作用如下。

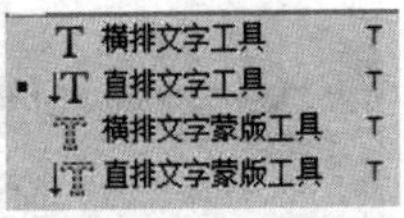

◆ T（横排文字工具）：在图像文件中创建水平文字，且在图层面板中建立新的文字图层；

◆ IT（直排文字工具）：在图像文件中创建垂直文字，且在图层面板中建立新的文字图层；

图 8.1　文字工具组

◆ T（横排文字蒙版工具）：在图像文件中创建水平文字形状的选区，但在图层面板中不建立新的图层；

◆ IT（直排文字蒙版工具）：在图像文件中创建垂直文字形状的选区，但在图层面板中不建立新的图层。

文字工具组中各工具对应的工具属性栏中的选项参数非常相似，这里以横排文字工具的工具属性栏为例进行介绍，如图 8.2 所示。

图 8.2　文字工具属性栏

◆ ![IT]（更改文本方向）：单击此按钮，可以将选择的水平方向的文字转换为垂直方向，或将选择的垂直方向的文字转换成水平方向；

◆ [宋体▼]（字体）：设置文字的字体，单击右侧的下拉按钮，可以在弹出的下拉列表框中选择所需的字体；

◆ [-▼]（字型）：设置文字使用的字体形态，但只有选中某些具有该属性的字体后，该下拉列表框才能激活；

◆ [T 60点▼]（字体大小）：设置文字的大小，单击右侧的下拉按钮，在弹出的下拉列表框中可选择所需的字体大小，也可直接在该文本框中输入字体大小的值；

◆ [aa 无▼]（消除锯齿）：设置消除文字锯齿功能。提供了【无】、【锐利】、【犀利】、【浑厚】和【平滑】5 个选项；

◆ [≡≡≡]（对齐方式）：设置段落文字排列（左对齐、居中和右对齐）的方式，当文字为竖排时，3 个按钮功能变为顶对齐、居中和底对齐；

◆ ■（文本颜色）：设置文字的颜色，单击可以打开【拾色器】对话框，从中选择字体的颜色；

◆ [工]（变形文本）：创建变形文字；

◆ [目]（字符和段落调板）：单击该图标，可以显示或隐藏【字符】和【段落】调板，用于调整文字格式和段落格式。

8.1.2 使用横排文字工具输入文本

横排文字工具是用来输入横排文字的，现以一招贴画为例来说明其用法，操作步骤如下。

步骤一：打开素材图像文件，如图 8.3 所示；

步骤二：选择工具箱中的横排文字工具，并在工具属性栏中设置字体、字号和字的颜色；

步骤三：在图像上侧处单击，此时单击处会出现一闪烁的文字输入光标，如图 8.4 所示；

图 8.3　打开图像文件　　　　　　　图 8.4　单击进入文字输入状态

步骤四：输入【扬州欢迎你！】，如图 8.5 所示；

步骤五：按 Ctrl+Enter 键，这样就完成了此次文字内容的输入；

步骤六：在【图层】控制面板中为生成的文本图层添加【投影】图层样式，添加投影后的效果如图 8.6 所示。

8.1.3 使用直排文字工具输入文本

使用直排文字工具可在图像中沿垂直方向输入文本，也可输入垂直向下显示的段落文本，其输入方法与使用横排文字工具相似。现以一招贴画为例来说明其用法，操作步骤如下。

图 8.5　输入文本

图 8.6　添加投影后的效果

步骤一：打开素材图像，如图 8.7 所示；

步骤二：选择工具箱中的直排文字工具，并在工具属性栏中设置字体、字号和字的颜色；

步骤三：在图像中侧偏左处单击，此时单击处会出现一闪烁的文字输入光标；

步骤四：输入"青山隐隐水迢迢"，按 Ctrl+Enter 键；

步骤五：在图像中侧偏右处单击，此时单击处会出现一闪烁的文字输入光标，输入"秋尽江南草未凋"，按 Ctrl+Enter 键，表示此次文字输入结束；

步骤六：在【图层】控制面板中为生成的文本图层添加【描边】图层样式，添加描边后的效果如图 8.8 所示。

图 8.7　打开素材图像

图 8.8　输入直排文本的最终效果

8.2　文本的编辑

作为一个非专业性的排版软件，Photoshop CS6 仍提供了强大的文本格式功能，通过文本格式的设置，可以轻松地使文字更具艺术美感。

8.2.1　设置字符属性

文字工具属性栏中只包含了部分字符属性控制参数，而【字符】面板则集成了所有的参数控制，不但可以设置文字的字体、字号、样式、颜色，还可以设置字符间距、垂直缩放、水平缩放，以及是否加粗、加下划线、加上标等。单击工具属性栏中的【字符和段落调板】按钮，可打开如图 8.9 所示的【字符】面板。

为了更好地理解并熟练应用【字符】面板来设置文字属性，现在以一招贴画的设计来介绍其用法，操作步骤如下。

步骤一：打开图像文件，然后使用横排文字工具在图像上输入如图 8.10 所示的文本；

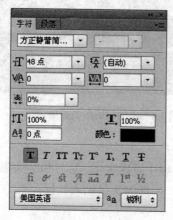

图 8.9 【字符】面板

图 8.10 输入文本

步骤二：拖动鼠标选择第一行文本；

步骤三：单击【字符】面板底部的【全部大写字母】按钮，如图 8.11 所示，以将选择的文字转换成大写字母，效果如图 8.12 所示；

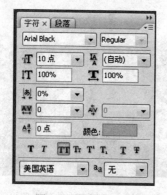

图 8.11 【字符】面板

图 8.12 设置大写属性后的字母效果

步骤四：选中第一行的字母【Y】，在【字符】面板中设置字号为 30 点，颜色为红色，如图 8.13 所示，【Y】放大后的效果如图 8.14 所示；

图 8.13 【字符】面板

图 8.14 单个字符放大后的效果

步骤五：选中第二行和第三行的文字，通过【字符】面板设置字体、字号、倾斜及颜色等，如图 8.15 所示，设置属性的最终结果如图 8.16 所示。

图 8.15 【字符】控制面板

图 8.16 设置属性的最终效果

8.2.2 设置段落属性

文字的段落属性包括设置文字的对齐方式、缩进方式等，除了可以通过前面所知的文字属性工具栏进行设置外，还可以通过段落面板来设置。【段落】面板如图 8.17 所示。

为更好地理解并熟练应用【段落】面板来设置文字段落属性，现在以为邗城职业技术学院设计一个简单招贴画为例来说明【段落】面板的使用，其操作步骤如下。

步骤一：新建一图像文件，宽度为 550 像素，高度为 200 像素；

步骤二：学院大门图片复制至新建文件中，调整到图像的最左侧。选中图像右侧的空白区域并填充【木质】图案（或其他图案）。选择横排文字工具，输入介绍学院的文字，通过【字符】控制面板设置文字效果，如图 8.18 所示；

图 8.17 【段落】面板

图 8.18 输入的段落文本

步骤三：选择【文字】图层并激活，打开【段落】控制面板，在第二区域设置左缩进量为 3 点，右缩进量为 3 点，如图 8.19 所示，效果如图 8.20 所示；

图 8.19　设置左右缩进量

图 8.20　设置左右缩进后的效果

步骤四：在【段落】控制面板，在第二区域设置首行缩进量为 12 点，如图 8.21 所示，效果如图 8.22 所示；

图 8.21　设置首行缩进量

图 8.22　设置首行缩进后的效果

步骤五：在【段落】控制面板中的第一区域单击最右侧的【全部对齐】按钮，这样所有的文字左右两端全部对齐；

步骤六：由于段落的最后一行文字排列不满行，所以执行【全部对齐】命令后最下一行文字的间隔偏大，因此在【段落】控制面板中的第一区域单击【最后一行左对齐】按钮，设置对齐方式如图 8.23 所示，效果如图 8.24 所示。

图 8.23　设置对齐方式

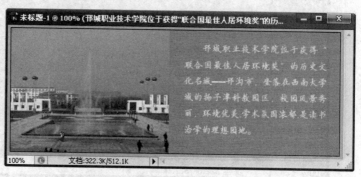

图 8.24　段落设置的最终效果

8.2.3 编辑变形文字

Photoshop CS6 在文字工具属性栏中提供一个文字变形工具，通过它可以将选择的文字改变成多种变形样式，从而大大提高文字的艺术效果。

文本输入完成后，单击属性栏中的文字变形 按钮，将打开如图 8.25 所示的【变形文字】对话框，通过此对话框就可以将文字编辑成各式各样的变形效果。下面以制作一个标志来介绍变形文字的设置方法，其操作步骤如下：

步骤一：新建一图像文件，宽度为 250 像素，高度为 200 像素，RGB 颜色模式；

步骤二：选择全部区域，然后用【木质】图案（或其他图案）填充选区；

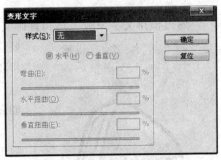

图 8.25 【变形文字】对话框

步骤三：选择横排文字工具，输入【yangzhou】。打开【字符】控制面板，设置字体、字号，颜色为白色，如图 8.26 所示；

步骤四：单击属性栏中的文字变形 按钮，打开【变形文字】对话框，在【样式】栏中单击下拉按钮，选择【增加】样式，如图 8.27 所示；

图 8.26 输入的文本

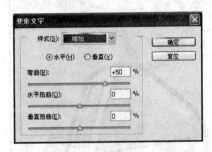

图 8.27 设置增加样式

步骤五：复制一幅【琼花】图像到新建的文件中，调整其大小并移至图像的左上角位置；

步骤六：打开【图层】控制面板，分别给文字图层和琼花所在的图层（图层 1）添加图层样式，如图 8.28 所示，所制作标志的最终效果如图 8.29 所示。

图 8.28 图层面板中设置样式的信息

图 8.29 最终设计的效果图

8.3 创建文字选区

通过横排文字蒙版工具和直排文字蒙版工具可以创建文字选区，在文字设计方面起着重要作用。下面以制作一美术字来介绍其使用方法，其操作步骤如下。

步骤一：打开一图像文件，作为美术字书写的背景，如图 8.30 所示；

步骤二：新建【图层 1】，选择工具箱中的横排文字蒙版工具 T，并在工具属性栏中设置合适的字体和字号；

步骤三：在图像中单击进入文字蒙版输入状态，然后输入字母【Apple】，如图 8.31 所示；

步骤四：选择前景色为黑色，单击【编辑/填充】菜单命令，出现【填充】对话框，在【内容/选用】下拉列表框中选择【前景色】，如图 8.32 所示；

图 8.30 打开的背景图像

图 8.31 输入的文字选区

图 8.32 填充前景色后的文字选区

步骤五：新建【图层 2】，将图层 1 中的文字选区复制到图层 2 中；

步骤六：选择图层 2 为当前图层，选择前景色为白色，单击【编辑/填充】菜单命令，出现【填充】对话框，在【内容/选用】下拉列表框中选择【前景色】；

步骤七：在【图层】控制面板中，将图层 2 移至图层 1 的下方，如图 8.33 所示；

步骤八：选择图层 1 为当前图层，选择移动工具，将文字适当往右侧偏下移动一点距离，最终效果如图 8.34 所示。

项目实现

小李在邗城职业技术学院有一个非常要好的朋友，暑假后要上大三了。她听说小李在经典广告公司实习，希望小李能为她设计一份个人自荐材料的封面，这样下学期找工作的时候用得上。小李想朋友的事就是自己的事，这忙一定帮。小李按以下步骤完成了这一任务。

图 8.33　将图层 2 移至图层 1 下方

图 8.34　设置的最终效果图

步骤一：新建一文件，宽度为 500 像素，高度为 800 像素，背景为白色；

步骤二：在画布的左侧绘制一竖直方向的细条选区，设置前景色为灰色，通过【编辑/填充】菜单命令填充前景色；

步骤三：在竖细条的左侧空白处绘制成一矩形选区，选择前景色为蓝色，选择渐变工具，选择渐变样式为【前景到透明】，然后自上往下拖动鼠标，填充绘制的矩形区域；

步骤四：选择邗城职业技术学院图形 LOGO，复制到画布上，按 Ctrl+T 缩放大小到合适为止，然后选择移动工具，将图形 LOGO 移至画布的左上方；

步骤五：选择邗城职业技术学院文字 LOGO，复制到画布上，按 Ctrl+T 缩放大小到合适为止，然后选择移动工具，将图形 LOGO 移至画布的上方；

步骤六：为图形 LOGO 和文字 LOGO 设置图层样式，选择投影样式，使图像富有艺术感；

步骤七：选择邗城职业技术学院图文信息中心大楼照片一张，调整到合适大小。选择椭圆选区工具，同时设置羽化半径为 3px，复制选区内容到画布上，按 Ctrl+T 缩放大小到合适为止，然后选择移动工具，将图片移至画布的中间；

步骤八：选择横排文字工具，设置好字体、字号、颜色，然后分两行输入文字【2015 届】和【毕业生自荐材料】；

步骤九：选择横排文字工具，设置好字体、字号、颜色，然后分四行输入文字【姓名：】【专业：】【电话：】【E-mail：】；

步骤十：保存文件，最终效果如图 8.35 所示。

项目拓展

彩虹字因其色彩亮丽类似彩虹而得名，深受大家的喜爱，故其多被使用在广告制作、网页设计中。制作彩虹字的方式有多种，下面介绍一种最为简单的彩虹字的制作方法，步骤如下。

步骤一：新建一个图形文件，其规格自定；

步骤二：新建【图层 1】，选择工具箱中的横排文字蒙版工具 ，并在工具属性栏中设置合适的字体和字号；

图8.35　个人自荐材料封面效果图

步骤三：在图像中单击进入文字蒙版输入状态，然后输入文字"赤橙黄绿青蓝紫"，如图8.36所示；

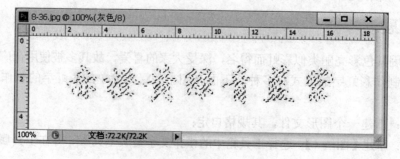

图8.36　文字蒙版输入的汉字

步骤四：单击工具栏中的【渐变】工具，在属性栏中选择渐变类型为【红、黄、蓝渐变】；
步骤五：到文字蒙版上拖动鼠标，实施渐变，彩虹字即可制作成功，效果如图8.37所示。

图8.37 最终制作的彩虹字效果

项目习题

一、选择题

1. 某图片中的"Hancheng"是文字状态，要将其中的字母逐个改变颜色，下列哪些方法是正确的（　　）。
   A. 选中需要改变的文字，单击拾色器中的"设置前景色"按钮，在弹出的拾色器对话框中设定颜色
   B. 选中需要改变的文字，单击工具选项栏中的"设置文本颜色"按钮，在弹出的拾色器中设定颜色
   C. 将前景色设定为文字所需要改变的颜色，选中需要改变的文字，使用Alt+Backspace组合键将文字填充成前景色
   D. 在图层调板中选中文字图层，在工具箱中选择文字工具，单击工具选项栏中的"设置文本颜色"按钮，在弹出的拾色器对话框中设定颜色

2. 对文字图层不可以直接进行哪一项变换（　　）？
   A. 旋转变换　　B. 缩放变换　　C. 扭曲变换　　D. 斜切变换

3. 文字图层的特点是什么（　　）？
   A. 文字图层的文字放大后会出现马赛克现象
   B. 文字图层的字体可以直接使用扭曲滤镜
   C. 文字图层可以直接进行模糊或锐化处理
   D. 文字图层在使用扭曲、模糊、锐化等滤镜前需要栅格化

4. 使用"变形文字"面板下的命令，对文字进行变形后，则该文字（　　）？
   A. 文字图层将被栅格化
   B. 文字会失去矢量图像的特征
   C. 文字的大小及字体将不能再变化
   D. 文字打印出来还能保证其较高的清晰度

二、操作题

以学校风光照为素材，设计一套明信片（要求正反面都有内容，可以参考明信片实物进行制作，作品请提交老师信箱中）。

项目 9　个性化名片的设计

项目任务

小李在经典广告公司实习，今天早上有一客户要求设计一套名片，下午来看效果。实习指导的工程师让小李在上午十时前做一个效果图给他看一下。小李是如何设计的？设计的效果到底如何呢？

项目要点

- 认识路径
- 路径的绘制与编辑
- 路径的基本操作

项目准备

9.1　认识路径

所谓路径，就是用一系列锚点连接起来的线段或曲线，可以沿着这些线段或曲线进行描边或填充，还可以转换为选区。

9.1.1　组成路径的基本元素

路径分直线路径和曲线路径，直线路径由锚点和路径组成，如图 9.1 所示，曲线路径相对直线路径而言只是多一个控制手柄，拖动它可以调整路径的弧度，如图 9.2 所示。

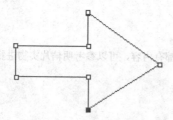　　　　　　　　　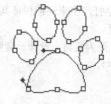

图 9.1　直线路径　　　　　　　　　图 9.2　曲线路径

9.1.2　认识【路径】控制面板

Photoshop CS6 提供的【路径】控制面板专门用来为路径服务，路径的基本操作和编辑大部分都是通过【路径】控制面板来实现的，如图 9.3 所示。

图 9.3 【路径】控制面板

9.2 路径的绘制与编辑

绘制路径有多种方法,绘制后的路径若不能满足设计要求,还可对路径进行编辑修改。

9.2.1 绘制路径

通过工具箱中的钢笔工具 可以绘制出任意形状的路径,该工具对应的属性栏与形状工具对应的属性栏完全一致,如图 9.4 所示。

图 9.4 【路径】属性工具栏

（1）绘制直线路径

选择钢笔工具后在图像窗口中不同的地方单击,即可快速绘制出直线路径。现以制作一简单网页背景来介绍直线路径的绘制方法,其操作步骤如下。

步骤一：打开素材图像,如图 9.5 所示；

步骤二：选择钢笔工具 ,在图像上方单击添加第一个锚点,按住 shift 键,向右移动鼠标单击添加下一个锚点,直到回到第一个锚点处,如图 9.6 所示；

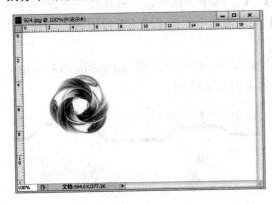
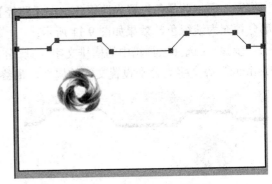

图 9.5 打开的图像　　　　　　　　图 9.6 绘制的直线路径 1

步骤三：此时【路径】控制面板中存储了一个【工作路径】,如图 9.7 所示；

步骤四：继续使用钢笔工具在图像下方绘制另外一个如图 9.8 所示的直线路径,绘制完成后的路径会自动保存在【路径】控制面板的【工作路径】中,如图 9.9 所示；

图9.7　路径1的工作路径状态

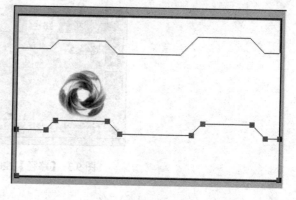
图9.8　绘制的直线路径2

步骤五：设置前景色为黑色，分别选中两个路径，在【路径】控制面板中单击【填充】按钮 ●，效果如图9.10所示；

图9.9　工作路径状态

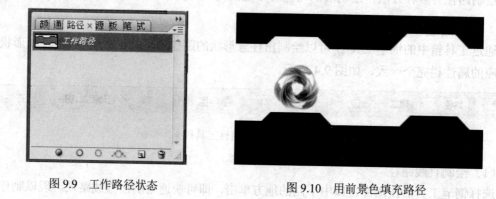
图9.10　用前景色填充路径

步骤六：在工具箱中选择【路径选择工具】，先选中上侧路径，将路径往上方移动3个像素，再将前景色设置为粉红色，在【路径】控制面板中单击【填充】按钮 ●，将路径1部分填充为粉红色；

步骤七：在工具箱中选择【路径选择工具】，选中下侧路径，将路径往下方移动3个像素，再将前景色设置为淡绿色，在【路径】控制面板中单击【填充】按钮 ●，将路径2部分填充为淡绿色，效果如图9.11所示；

步骤八：选择工具箱中的横排文字工具，分别输入"光与影小屋"和"Yongzhou Polytechnic Institute"等文字。分别设置文字的属性，最终效果如图9.12所示。

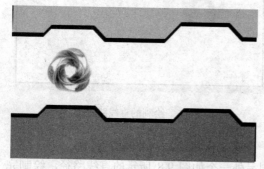
图9.11　选择、移动并填充路径

图9.12　输入文字后的最终效果

（2）绘制曲线路径

使用钢笔工具也可以灵活地绘制出具有不同弧度的曲线路径，现以一例来介绍曲线路径的绘制方法，其操作步骤如下。

步骤一：打开素材图像；

步骤二：选择钢笔工具 ，在图像左上方单击并拖动添加一个带控制手柄的锚点；

步骤三：在第一个锚点的右侧单击并拖动，以添加第 2 个带控制手柄的锚点；

步骤四：继续添加带控制手柄的锚点，绘制后的曲线路径如图 9.13 所示；

步骤五：设置前景色为黑色，选中曲线路径，在【路径】控制面板中单击【填充】按钮 ，效果如图 9.14 所示。

图 9.13　绘制曲线路径　　　　　　　　图 9.14　填充路径后的效果

（3）绘制自由路径

绘制自由路径如同使用磁性套索工具绘制自由选区一样，在钢笔工具属性栏中设置路径绘制工具为自由钢笔 ，此时工具属性栏如图 9.15 所示。

图 9.15　自由钢笔属性工具栏

绘制自由路径的操作步骤如下。

步骤一：选择自由钢笔工具 ，在图像中单击并按住鼠标左键绘制；

步骤二：选中工具属性栏中的【磁性的】复选框，沿图像中颜色对比较大的边缘拖动，在绘制过程中系统会产生一系列具有磁性的锚点，如图 9.16 所示。

（4）绘制自定义路径

使用钢笔工具属性栏中的矩形、圆角矩形、椭圆、直线、自定义工具，可以像绘制形状图形一样绘制路径，其绘制方法与形状的绘制方法完全一样。

图 9.16　沿图像边缘绘制

9.2.2　编辑路径

对用户而言，路径的修改与调整比路径的绘制更为重要，因为初次绘制的路径往往不够精确，而使用各种路径调整工具可以将路径调整到需要的效果。

（1）路径的选择

要对路径进行编辑，首先要学会如何选择路径。工具箱中路径选择工具 和直接选择工具 就是用来实现路径选择的。选择相应的工具后在路径所在区域单击即可选择路径。

当用路径选择工具在路径上单击后，将选择所有路径和路径上的所有锚点，而使用直接选择工具时，只选中单击处锚点间的路径而不选中锚点。

如果想选择锚点，则只能通过直接选择工具来实现，其使用方法如同使用移动工具选择图像一样方便。

（2）锚点的增减

路径绘制完成后，在其编辑过程中会根据需要增加或删除一些锚点。如果要在路径上增加锚点，只需选择钢笔工具组内的添加锚点工具 ，然后在路径上单击即可增加一个锚点，如图 9.17 和图 9.18 所示分别为增加锚点前后的路径。

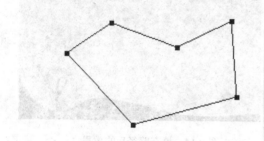
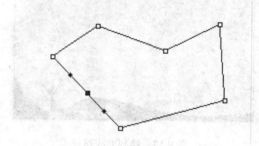

图 9.17　增加锚点前的路径　　　　　图 9.18　增加锚点后的路径

如果要在路径上删除锚点，只需要选择钢笔工具组中的删除锚点工具 ，然后在要删除的锚点上单击即可，如图 9.19 和图 9.20 所示分别为删除锚点前后的路径。

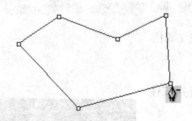
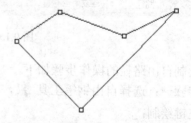

图 9.19　删除锚点前的路径　　　　　图 9.20　删除锚点后的路径

（3）锚点属性的调整

如果绘制的路径是曲线路径，则锚点处会显示一条或两条控制手柄，如图 9.21 所示，拖动控制手柄即可改变曲线的弧度，如图 9.22 所示。

选择工具箱中的转换点工具 ，在锚点上单击，如图 9.23 所示，可以将平滑点转换成角点，如图 9.24 所示；

使用转换点工具 在具有角点属性锚点上单击并拖动，可以显示控制手柄，如图 9.25 所示，这时还可以分别拖动两侧的控制手柄改变曲线度，如图 9.26 所示。

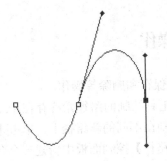 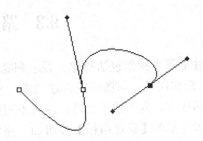

图 9.21　曲线路径　　　　　　　图 9.22　拖动控制手柄改变路径弧度

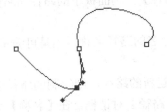 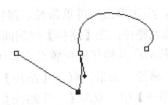

图 9.23　单击要转换的锚点　　　　图 9.24　锚点属性转为角点

 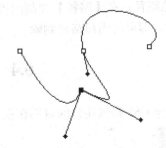

图 9.25　拖动控制手柄前的曲线路径　　图 9.26　拖动控制手柄后的曲线路径

（4）路径的变换

路径也可像选区和图形一样进行自由变换，其操作步骤如下。

步骤一：在路径中的任意位置单击鼠标右键，在弹出的快捷菜单中选择【自由变换路径】命令，如图 9.27 所示；

步骤二：此时在路径周围显示变换框，拖动变换框上的节点即可实现路径的变换；

步骤三：如果想限制路径的变换方式，可再单击鼠标右键，然后在弹出的快捷菜单中选择一种变换方式，如图 9.28 所示，这时就可以像变换选区一样对路径进行变换操作了。

 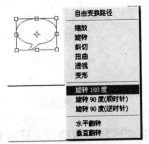

图 9.27　选择自由变换路径命令　　　图 9.28　选择变换方式

9.3 路径的基本操作

路径的基本操作包括新建、显示和隐藏、重命名、保存和删除等操作。

◆ **新建路径**：与图层的创建道理一样，使用钢笔工具绘制的路径始终存在于系统默认的一个路径上，为了便于管理，应将不同的路径分别绘制在不同的新路径上，单击【路径】控制面板底部的【新建路径】按钮，系统会自动在【路径】控制面板中新建一个名为【路径1】的空路径，此时在图像窗口绘制路径就存储在该路径上了。

◆ **显示和隐藏**：绘制完成的路径会显示在图像窗口中，有时会影响接下来的操作，用户可以根据情况对路径进行隐藏。按住 Shift 键单击【路径】控制面板中的路径缩略图，即可将路径隐藏，再次单击则可重新显示路径。

◆ **重命名路径**：在【路径】控制面板中双击要重命名的路径名称，当呈可编辑状态时，输入新的名称后在其他任意位置单击即可重命名路径。

◆ **保存路径**：如果没有在【路径】控制面板中创建新的路径，则绘制的路径会自动存放在【工作路径】中。双击【工作路径】，将打开【存储路径】对话框，在【名称】文本框中输入路径名称，然后单击【确定】按钮，即可将工作路径以输入的路径名保存。

◆ **删除路径**：在【路径】控制面板中选择要删除的路径，然后单击控制面板底部删除路径按钮，即可将当前路径删除。

9.4 路径的应用

Photoshop CS6 提供路径的目的在很大程度上来说是为了弥补选区的不足，并辅助绘制更为复杂的图像。

9.4.1 路径与选区的转换

绘制完路径后，用户可以通过【路径】控制面板底部的【将路径作为选区载入】按钮将路径转换成选区，只需单击该按钮即可。如图 9.29 所示为要转换的路径，图 9.30 所示的则为转换为选区后的效果。

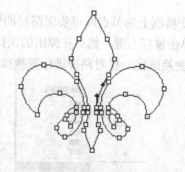

图 9.29 路径显示

图 9.30 路径转换为选区后的效果

如果想将选区转换成路径，只需要单击【路径】控制面板底部的【从选区生成工作路径】按钮即可。如图 9.31 所示为要转换的选区，图 9.32 所示则为转换为路径后的效果。

 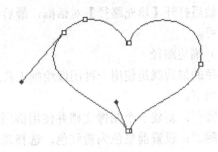

图 9.31　选区显示　　　　　　　　　　　图 9.32　选区转换为路径后的效果

9.4.2 填充和描边路径

绘制路径的目的就是为了对其填充或描边，以得到需要的图像效果。

（1）填充路径

填充路径是指用指定的颜色或图案填充路径周围的区域，其操作步骤如下。

步骤一：新建一个图像文档并使用自定义形状工具如图 9.33 所示，绘制如图 9.34 所示的路径；

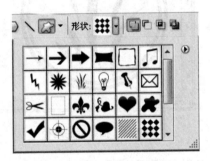 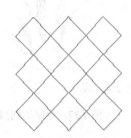

图 9.33　自定义形状工具对话框　　　　　　图 9.34　绘制的自定义形状的路径

步骤二：单击【路径】控制面板中右上角的按钮，打开【填充路径】对话框，在【使用】下拉列表中选择使用一种填充方式，选择图案作为填充内容，如图 9.35 所示，填充后的路径如图 9.36 所示；

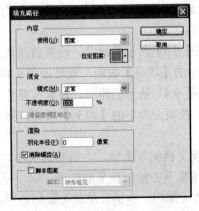 

图 9.35　【填充路径】对话框　　　　　　　图 9.36　填充图案后的路径

步骤三：如果想将前景色或背景色作为填充内容，则应先在工具箱中设置好前景色或背景色，然后打开【填充路径】对话框，最后在【使用】下拉列表中选择【前景色】或【背景色】即可。

（2）描边路径

路径的描边就是使用一种图像绘制工具或修饰工具沿着路径绘制图像或修饰图像。其操作步骤如下。

步骤一：新建一个图像文档并使用椭圆自定义形状工具绘制如图 9.37 所示的路径；

步骤二：设置前景色为粉红色，选择画笔工具并在其属性栏中设置主直径等参数；

步骤三：单击【路径】控制面板底部的【用画笔描边路径】按钮 ○；

步骤四：单击【路径】控制面板底部的【删除路径】按钮，在弹出的对话框中单击【是】按钮，将当前工作中的路径删除，效果如图 9.38 所示。

图 9.37　绘制的椭圆路径

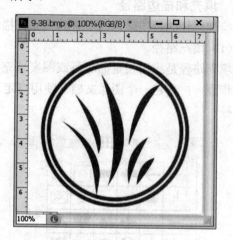
图 9.38　描边后的路径

项目实现

小李在经典广告公司实习，今天早上有一客户要求设计一套名片，下午来看效果。实习指导的工程师让小李在上午十时前做一个效果图给他看一下。小李按以下步骤进行了效果图的设计。

步骤一：新建一个图像文档，设置宽度为 400 像素，高度为 260 像素，色彩模色为 RGB。设置前景色为淡灰色，并按 Alt+Delete 键填充背景层；

步骤二：新建【图层 1】，使用钢笔工具绘制如图 9.39 所示的路径，设置前景色为淡灰色（比背景色略深一些），并单击【路径】控制面板中的【填充】按钮，效果如图 9.40 所示；

步骤三：新建【图层 2】，使用钢笔工具绘制如图 9.41 所示的路径，设置前景色为淡灰色（比图层 1 的填充色更深一些），并单击【路径】控制面板中的【填充】按钮，效果如图 9.42 所示；

步骤四：打开单位标志图像，并将其复制到新建文档的左上侧，并调整其大小；

步骤五：使用铅笔工具，分别调整其粗细，在图像下方绘制两条装饰线；

步骤六：使用横排文字工具，在名片上输入姓名、部门、电话、单位形象标语等，最终效果如图 9.43 所示。

项目 9　个性化名片的设计　　　　　　　　　　　　　　　　**117**

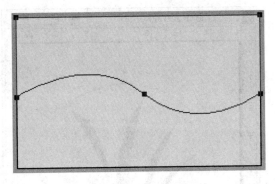

图 9.39　绘制的路径 1

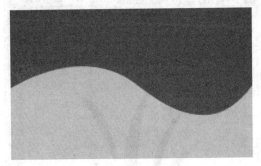

图 9.40　路径填充后的效果 1

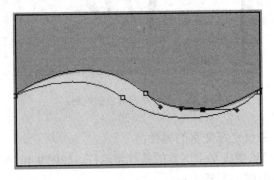

图 9.41　绘制的路径 2

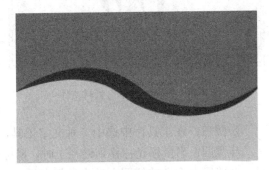

图 9.42　路径填充后的效果 2

图 9.43　设计名片的最终效果

项目拓展

　　沿着用钢笔工具或形状工具创建的工作路径的边缘可以排列文字，移动路径或更改路径的形状，沿着路径放置的文字也将会随着新的路径的位置而变化。现以一例说明其用法，操作步骤如下。

　　步骤一：打开小草图像，如图 9.44 所示；

　　步骤二：在小草图案四周绘制圆形路径，如图 9.45 所示；

图 9.44　打开"小草"素材文件　　　　图 9.45　在小草四周绘制的路径

步骤三：在工具栏中选中一种文字工具，并设定好文字的属性；

步骤四：当鼠标光标移到路径上时，鼠标形状变成文字工具的基线指示符，如图 9.46 所示。在路径上合适的位置上单击鼠标左键，会出现一个插入点；

步骤五：输入所需的文字，如图 9.47 所示；

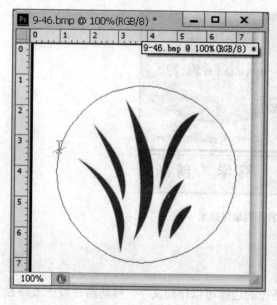

图 9.46　鼠标形状在插入点处的变化　　　　图 9.47　输入所需文字

步骤六：选择【直接选择工具】或【路径选择工具】，当鼠标移动到文字上时，其形状会发生变化，如图 9.48 所示，单击并拖移文字至合适的位置；

步骤七：删除工作路径，获得最终的效果，如图 9.49 所示，保存效果图。

图 9.48　文字沿路径移动　　　　　　　图 9.49　最终沿路径排列的文字效果

项目习题

一、选择题

1. 在路径建立过程中，要改变曲线点两端的方向线的角度，应配合下列哪个快捷键进行操作（　　）？
   A．Ctrl　　　　B．Shift　　　　C．Alt　　　　D．Ctrl+Alt
2. 下列关于制作形状图层的方法描述正确的是（　　）？
   A．路径转换成形状图层，应执行"图层>新填充图层>纯色"命令
   B．使用钢笔工具，在工具选项栏中选择"形状图层"选项，在画布绘制可以直接产生形状图层
   C．使用形状工具，在工具选项栏中选择"形状图层"选项，在画布绘制可以直接产生形状图层
   D．文字图层应执行"图层>文字>转换为形状"命令，将会转换为一个新的形状图层，文字图层仍被保留
3. 下列关于自定形状工具描述正确的是（　　）？
   A．当路径被定义为自定形状后，将保存在预设管理器中，每次打开 Photoshop 时，都可以再次使用此自定形状
   B．当路径被定义为自定形状后，只适用于当前图像，下次打开 Photoshop 时，预设管理器恢复默认状态
   C．形状图层也可以定义自定形状
   D．当图像中有选区时，不能使用定义自定形状命令
4. 在路径中将平滑曲线点转换成尖角锚点，下列描述正确的是（　　）？
   A．使用转换点工具单击所需要转换的锚点即可
   B．使用选择工具按住"Alt"键拖动方向线进行转换
   C．使用转换点工具拖动方向线即可实现转换
   D．使用路径选择工具按住"Alt"键拖动方向线进行转换
5. 当路径被存储后，文件存储为下列何种格式可以保存路径（　　）？
   A．bmp　　　　B．jpg　　　　C．tiff　　　　D．pdf

二、操作题

1. 利用路径等技术手工绘制出邢城职业技术学院的 LOGO 图案；
2. 设计一幅个性化明信片，要求用到异形元素和图层样式等内容（要求作业请提交老师信箱中）。

项目 10　透视效果图片的合成

项目任务

小李的实习指导工程师今天的任务是要做一幅产品广告,工程师要求小李帮他做一幅素材图像,要求将两幅图片中的两项物品合成到一幅图片中来。小李是如何完成今天的项目任务的呢?

项目要点

- 滤镜作用范围
- 滤镜使用方法
- 实用滤镜

项目准备

Photoshop CS6 提供了多达十几类、上百种滤镜,使用每一种滤镜都可以制作出不同的图像效果,而将多个滤镜叠加使用,更是可以制作出奇妙和特殊的效果。虽然在感觉上滤镜是一个为图像增加花哨效果的功能,但是实际上如果没有滤镜功能模块,Photoshop 的功能至少会大打折扣,许多效果将无法实现,由此可见其在图像处理中的重要性。Photoshop CS6 提供的内置滤镜都放置在【滤镜】菜单中,如图 10.1 所示。

图 10.1　滤镜菜单

10.1 滤镜作用范围

滤镜命令只能作用于当前正在编辑的、可见的图层或图层中的选定区域，如果没有选定区域，系统会将整个图层视为当前选定区域。另外，也可对整幅图像应用滤镜。

要对图像使用滤镜，必须要了解图像色彩模式与滤镜的关系。RGB 颜色模式的图像可以使用 Photoshop CS6 下的所有滤镜，而不能使用滤镜的图像色彩模式有位图模式、16 位灰度图、索引模式、48 位 RGB 模式。

有的色彩模式图像只能使用部分滤镜，如在 CMYK 模式下不能使用画笔描边、素描、纹理、艺术效果和视频类滤镜。

10.2 滤镜使用方法

滤镜的使用方法与使用色彩调整命令调整图像色彩的方法一样，都是先选择菜单命令，然后在打开的对话框中通过调整参数来改变图像显示效果，只不过滤镜使用的对话框更为复杂一些。图 10.2 所示为选择【滤镜/风格化/浮雕效果】命令后打开的对话框及效果图。

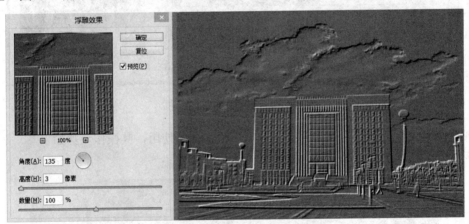

图 10.2 【浮雕效果】对话框及效果图

10.3 实 用 滤 镜

Photoshop CS6 提供了自适应广角、镜头校正、液化、油画和消失点 5 个实用滤镜，下面分别介绍它们具体的设置与应用。

10.3.1 自适应广角滤镜

在 Photoshop CS6 中，新增了专门用于校正广角透视及变形问题的功能，即"自适应广角"命令，使用它可以自动读取照片中记录摄影时的光圈、快门、ISO、日期时间、相机品牌型号、色彩编码等信息的 EXIF 数据，并进行校正，也可以根据使用的镜头类型（如广角、鱼眼等）来选择不同的校正选项，配合约束工具和多边形约束工具的使用，达到校正透视变形的问题。

选择【滤镜/自适应广角】命令,将弹出如图 10.3 所示的对话框。其右侧有校正、缩放、焦距、裁剪因子等可调整选项,通过设置不同参数可得到相应的效果。还可以通过使用左侧的约束工具和多边形约束工具针对画面的变形区域进行精细调整。前者可绘制曲线约束线条进行校正,适用于校正水平或垂直线条的变形,后者可以绘制多边形约束线条进行校正,适用于具有规则形态的对象。

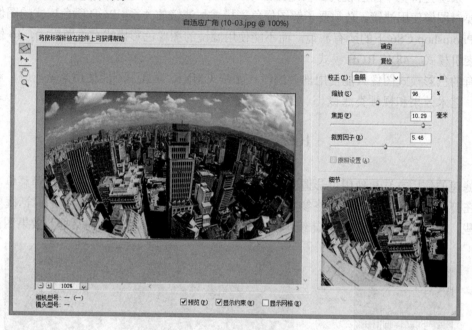

图 10.3　自适应广角对话框

现以使用约束工具为例来介绍自适应广角滤镜的使用,其操作步骤如下。

步骤一:打开素材图像文件,如图 10.4 所示。

图 10.4　素材图像

步骤二:选择【滤镜/自适应广角】命令,在弹出的对话框中选择"校正"选项为"鱼眼",此时 Photoshop 会自动读取当前照片的"焦距"参数(10.29mm)。

步骤三：在对话框左侧选择约束工具 ，在图像中地平面的左侧单击以添加一个锚点，将光标移至地平面的右侧位置，再次单击，此时 Photoshop 会根据所设置的"校正"及"焦距"生成一个用于校正的弯曲线条，如图 10.5 所示。

图 10.5　绘制校正曲线

步骤四：单击添加的第二个点后，Photoshop 会自动对图像的变形进行校正，并出现一个变形的控制圆。拖动圆心位置，可以对画面的变形进行调整；拖动圆心左右的控制点，可以调整线条的方向，如图 10.6 所示。

图 10.6　进行校正时的对话框

步骤五：调整"缩放"数值，以裁剪掉画面边缘的透明区域，并使用移动工具调整图像的位置，直至得到满意的效果。设置完毕后单击"确定"按钮，得到如图 10.7 所示的效果。

10.3.2　镜头校正滤镜

"镜头校正"滤镜内置了大量常见镜头的畸变、色差等参数，用于在校正时选用，这对于使用数码单反相机的摄影师而言无疑是极为有利的。

选择【滤镜/镜头校正】命令，系统弹出如图 10.8 所示的对话框。对话框中包含工具区、图像编辑区、原始参数区、显示控制区、参数设置区等五个部分。

图 10.7　自动校正后的效果

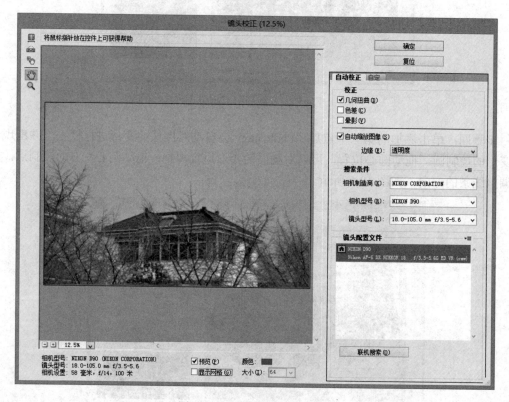

图 10.8　【镜头校正】对话框

①　工具区。工具区位于对话框的左上方，显示了用于对图像进行查看和编辑的工具，主要有：移去扭曲工具、拉直工具、移动网格工具、抓手工具、缩放工具等。

②　图像编辑区。该区域用于显示被编辑的图像，还可以即时预览编辑图像后的效果。单击该区域左下角的"-"按钮可以缩小显示比例，单击"+"按钮可以放大显示比例。

③　原始参数区。该区域位于对话框的左下角，此处显示了当前照片的相机及镜头等基本参数。

④　显示控制区。该区域位于原始数据区的右侧，在该区域可以对图像编辑区中的显示情况进行控制。有预览、显示网格、大小、颜色等四个控制选项，图 10.9 就是显示网格时的效果图。

图 10.9　显示网格效果图

⑤ 参数设置区。该区域位于对话框的右侧，分自动校正和自定校正两种类型。选择"自动校正"选项可以使用内置的相机、镜头等数据进行智能校正。选择"自定"选项，则可以手动进行调整。图 10.10 在参数调整后将一个原本正常视角的照片处理成为鱼眼照片了。

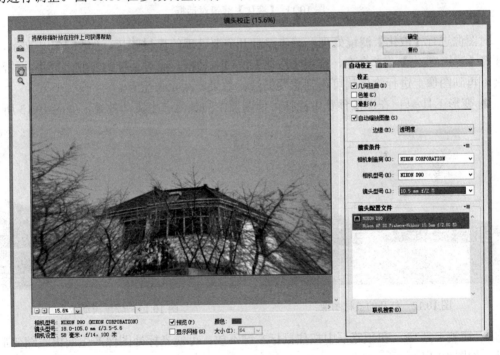

图 10.10　图片校正后的效果

10.3.3　液化滤镜

使用【液化】滤镜可以对图像的任何部分进行各种各样的液化效果的变形处理，如收缩、膨胀、旋转等，并且在液化过程中可对其各种效果程度进行随意控制，是修饰图像和创建艺术效果的有效方法。图 10.11 是【液化】滤镜的对话框，现以对一幅图像进行不同的液化处理来介绍【液化】滤镜的使用方法。

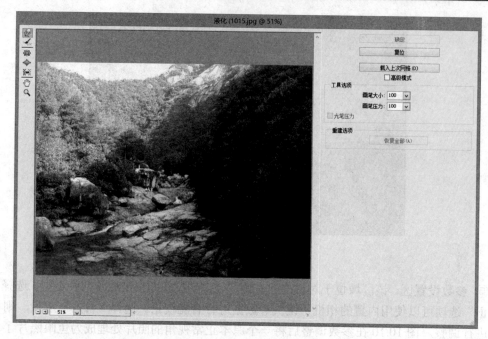

图 10.11 【液化】滤镜对话框

对图像进行【液化】滤镜处理，首先要打开需要处理的素材图片，如图 10.12 所示，然后选择【滤镜/液化】菜单命令，出现【液化】滤镜对话框，在对话框的左侧选择不同的液化工具，再到图像上进行涂抹就可得到想要的液化效果，液化类型有。

◆ 变形工具 ：在图像预览中涂抹可使图像中的颜色产生流动效果，如图 10.13 所示；

图 10.12 打开的素材图像　　　　　　图 10.13 颜色流动效果

◆ 褶皱工具 ：在预览框中按住鼠标左键不放，可使光标处图像产生向内收缩变形的效果，如图 10.14 所示；

◆ 膨胀工具 ：在预览框中按住鼠标左键不放进行涂抹，可使光标处图像产生向外膨胀放大的效果，如图 10.15 所示；

◆ 左推位移工具 ：在预览框中拖动鼠标，可使鼠标经过处的图像像素产生位移变形，效果如图 10.16 所示。按住 Alt 键的同时应用左推位移工具，则像素位移方向产生在拖拉的反方向；

◆ 重建工具 ：在预览框中已经液化处理过的区域按鼠标左键进行涂抹，可以去除液化效果，复原到原先的状态。

项目 10　透视效果图片的合成　　127

图 10.14　向内收缩变形效果

图 10.15　向外膨胀放大效果

图 10.16　位移效果

10.3.4　油画滤镜

"油画"滤镜是 Photoshop CS6 中新增的功能，使用它可以快速、逼真地获得油画的效果。以图 10.17 为例，选择【滤镜/油画】命令弹出的对话框如图 10.18 所示。

图 10.17　素材图像

在对话框的右侧可以设置参数，从而达到不同的效果。可设置的参数主要有：样式化、清洁度、缩放、硬毛刷细节、角方向、闪亮等。图 10.19 所示为设置适当参数后得到的油画效果。

图 10.18 【滤镜/油画】命令对话框

图 10.19 设置适当参数后的油画效果

10.3.5 消失点滤镜

使用【消失点】滤镜可以在选定的图像区域内进行克隆、喷绘、粘贴图像等操作时，使操作对象根据选定区域内的透视关系自动进行调整，以适配透视关系。现以一幅图按不同的透视关系所应呈现的效果为例进行介绍，其操作步骤如下。

步骤一：打开素材图像，如图 10.20 所示。选择【选择/全选】菜单命令，按 Ctrl+C 复制整幅图像；

步骤二：新建一个空白文件，分辨率为 800*500 像素，选择【滤镜/消失点滤镜】菜单命令，弹出【消失点滤镜】对话框，如图 10.21 所示；

步骤三：在对话框的左上角选择创建平面工具，在预览视窗中不同的位置单击四次，以创建具有四个顶点的透视平面，如图 10.22 所示；

步骤四：选择编辑平面工具，拖动平面边缘的控制点，调整其透视关系；

图 10.20 打开素材图像

图 10.21 【消失点滤镜】对话框

步骤五：按 Ctrl+V 将粘贴板中的图像复制到当前窗口中，如图 10.23 所示；

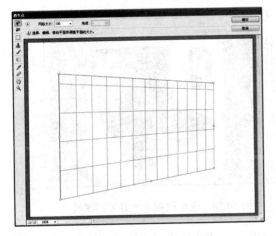
图 10.22 创建透视平面

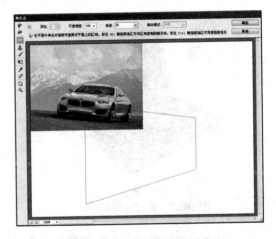
图 10.23 复制粘贴板中的图像

步骤六：将图片拖至透视平面区域内，图形的透视关系发生了变化，如图 10.24 所示；
步骤七：单击【确定】按钮，得到处理后的图像透视效果如图 10.25 所示，将图像保存。

图 10.24 拖动图像到透视区域

图 10.25 最终透视效果图

项目实现

小李的实习指导工程师今天的任务是要做一幅产品广告,工程师要求小李帮他做一幅素材图像,要求将两幅图片中的两项物品合成到一幅图片中来。小李按以下步骤完成了项目任务。

步骤一:打开素材图像一,如图 10.26 所示;

步骤二:选择【魔棒工具】,选择手机外侧的空白区域,选择【选择/反向】得到手机被选中形成的选区;

步骤三:按 Ctrl+C 键将选区内的图像复制到粘贴板中;

步骤四:打开素材图像二,如图 10.27 所示;

步骤五:选择【滤镜/消失点】菜单命令,打开【消失点】对话框,使用创建平面工具在预览区内创建透视平面图;

步骤六:按 Ctrl+V 键将粘贴板中的图像复制到预览框中,如图 10.28 所示;

图 10.26 素材图像一

图 10.27 素材图像二

图 10.28 创建透视平面并复制图像

步骤七:将复制后的手机图像拖到透视平面中,此时拖动的图像根据透视平面的透视关系产生变化;

步骤八:按 Ctrl+T 键,然后将复制的手机图像等比例调整到合适的大小,单击【确定】按钮,得到如图 10.29 所示的效果图。将合成的素材图像保存。

图 10.29 最终合成的素材效果

项目 10 透视效果图片的合成 **131**

项目拓展

在 Photoshop CS6 中，新增了模糊滤镜，分为"场景模糊"、"光圈模糊"和"倾斜偏移"三种情况。"场景模糊"滤镜在默认的情况下可以对整幅照片进行模糊处理，通过添加并调整图钉及其参数，可以调整模糊的范围及效果；"光圈模糊"滤镜可用于限制一定范围的塑造模糊效果。"倾斜偏移"滤镜可模拟移轴镜头拍摄出的改变画面景深的效果。现以图 10.30 为素材，以"光圈模糊"滤镜为例来介绍模糊滤镜的使用。

图 10.30　素材图片

步骤一：打开素材图像，选择【滤镜/模糊/光圈模糊】命令后调出的光圈图钉，如图 10.31 所示。

图 10.31　光圈模糊的图钉

步骤二：拖动图钉中心的位置，可以调整模糊的位置。拖动模糊图钉周围的 4 个白色圆点，可以单独模糊渐隐的范围，图 10.32 为调整图钉位置后的图片。

步骤三：编辑每个控制句柄及相关模糊参数后，得到如图 10.33 所示的效果。

图 10.32　调整图钉位置后的图片

图 10.33　使用光圈模糊滤镜后产生的效果

项目习题

一、选择题

1. 下列关于滤镜库说法正确的是（　　）？
   A. 在滤镜库中可以使用多个滤镜，并产生重叠效果，但不能重复使用单个滤镜多次
   B. 在滤镜库对话框中，可以使用多个滤镜重叠效果，当该效果层前的眼睛图标消失，单击"确定"按钮，该效果将不进行应用
   C. 在滤镜库对话框中，可以使用多个滤镜重叠效果，改变这些效果图层的顺序，重叠得到的效果不会发生改变
   D. 使用滤镜库后，下一次再执行该命令，系统将默认显示上一次使用滤镜的参数设置
2. 下列说法中不正确的是（　　）？
   A. 对一个图像刚使用了滤镜后，可按<Ctrl+F>键再次执行
   B. 对一个图像刚使用了滤镜后，可按<Ctrl+Shift+F>键将刚才使用的滤镜面板打开，再次调试使用
   C. 对一个图像刚使用了滤镜后，可按<Ctrl+Shift+F>键打开一个面板，在该面板中可以调整执行滤镜后的图像与执行滤镜前的图层混合模式及不透明度
   D. 对一个图像刚使用了滤镜后，可按<Alt+F>键打开刚执行滤镜的面板进行重新调整执行

二、操作题

仿照本章的项目任务，完成电脑与手机的合成效果图。所需要的素材请到网上下载。请将原始素材和合成效果图通过 E-mail 提交到教师指定的作业信箱中。

项目 11 节日贺卡的设计

项目任务

小李今天在查看公司过往资料时看到同事设计的中秋贺卡效果图,心想马上开学后不久就是中秋节了,今年中秋我给朋友们发一张自制的中秋贺卡多神气!小李是如何完成项目任务的呢?

项目要点

- 图层的混合
- 图层的调整
- 图层组

项目准备

11.1 图层的混合

在平面处理中,通过改变图层的混合方式往往可以得到许多意想不到的特殊效果,从而使图像增色不少。

所谓图层混合是指通过调整当前图层上的像素属性,以使其与下面图层上的像素产生叠加效果,从而产生不同的混合效果。在 Photoshop CS6 中,通过设置图层透明度、调整图层混合模式和使用图层蒙版来完成图层混合。

11.1.1 设置图层透明度混合图像

通过调整图层的不透明度,可以使图像产生不同的透明效果,从而产生类似穿过具有不同透明程度的玻璃一样观察其他图层上图像的效果。其操作步骤如下。

步骤一:在【图层】控制面板中选择要改变不透明度的图层,如图 11.1 所示;

步骤二:单击【图层】控制面板右上角的【不透明度】下拉列表框,然后拖动弹出的滑条上的滑块,或直接在数值框中输入需要的不透明度数值即可,如图 11.2 所示。

另外,【图层】控制面板中的【填充】下拉列表框也可以用来设置图层的不透明效果。其方法与图层的不透明度的设置方法

图 11.1 选择图层 1

完全一样，所得到的效果也相似，如图 11.3 所示。也可以结合【不透明度】和【填充】下拉列表框来共同完成图层上图像不透明度的调整，如图 11.4 所示。

图 11.2　设置不透明度　　　　　　　　　图 11.3　设置填充

图 11.4　设置不透明度和填充

11.1.2　调整图层混合模式混合图像

在使用 Photoshop 进行图像合成时，图层的混合模式是使用最为频繁的技术之一，它通过控制当前图层和位于其下的图层之间的像素作用模式，从而使图像产生奇妙的效果。

Photoshop CS6 提供了 20 余种图层混合模式，它们全部位于【图层】控制面板左上角的【正常】下拉列表中。为了更好地理解图层混合的作用和设置方法，现以一例来具体说明，其操作步骤如下。

步骤一：打开【大海】和【功夫熊猫】素材图像，如图 11.5 和图 11.6 所示；

步骤二：使用移动工具拖动【功夫熊猫】图像到【大海】图像中，得到【图层 1】，然后将该图层上图像调整到如图 11.7 所示；

步骤三：在【图层】控制面板的【正常】下拉列表框中选择【强光】选项，得到如图 11.8 所示的混合效果。

由此可以看出，为图像设置混合模式非常简单，只需将各个图层排列好，然后选择要设置混合模式的图层，并为其选择一种混合模式即可。

图 11.5 【大海】图像

图 11.6 【功夫熊猫】图像

图 11.7 复制图像

图 11.8 选择【强光】混合模式

（1）【正常】模式

这是系统默认的图层混合模式，上面图层中的图像完全遮盖住下面的图层上对应的区域。

（2）【溶解】模式

如果上面图层中的图像具有柔和的半透明效果，选择该混合模式可生成像素点状效果，如图 11.9 所示。

（3）【变暗】模式

选择该模式后，上面图层中较暗的像素将代替下面图层中与之相对应的较亮像素，而下面图层中较暗的像素将代替上面图层中与之对应的较亮的像素，从而使叠加后图像区域变暗，如图 11.10 所示。

图 11.9 【溶解】模式

图 11.10 【变暗】模式

（4）【正片叠底】模式

该模式将上面图层中的颜色与下面图层中的颜色进行混合相乘，形成一种光线透过两张叠加在一起的幻灯片的效果，从而得到比原来的两种颜色更深的颜色效果，如图11.11所示。

（5）【颜色加深】模式

该模式将增强上面图层与下面图层之间的对比度，从而得到颜色加深的图像效果，如图11.12所示。

图11.11 【正片叠底】模式　　　　　　　图11.12 【颜色加深】模式

（6）【颜色减淡】模式

该模式将通过减小上下图层中像素的对比度来提高图像的亮度，如图11.13所示。

（7）【线性加深】模式

该模式将查看每个颜色通道中的颜色信息，加暗所有通道的基色，并通过提高其他颜色的亮度来反映混合颜色，此模式对于白色将不发生任何变化。

（8）【线性减淡】模式

该模式与【线性加深】模式的作用刚好相反，它是通过加亮的所有通道的其色，并通过降低其他颜色的亮度来反映混合颜色，此模式对于黑色将不发生任何变化，如图11.14所示。

图11.13 【颜色减淡】模式　　　　　　　图11.14 【线性减淡】模式

（9）【变亮】模式

该模式与【变暗】模式作用相反，它将下层图像中比上层图像中更暗的颜色作为当前显示颜色，如图 11.15 所示。

（10）【滤色】模式

该模式将上面图层与下面图层中相对应的较亮颜色进行合成，从而生成一种漂白增亮的图像效果，如图 11.16 所示。

图 11.15 【变亮】模式

图 11.16 【滤色】模式

（11）【叠加】模式

该模式根据下层图像的颜色，与上层图像中的相对应的颜色进行相乘或覆盖，产生变亮或变暗的效果，如图 11.17 所示。

（12）【柔光】模式

该模式根据下面图层中颜色的灰度值与上面图层中相对应的颜色进行处理，高亮度的区域更亮，暗部区域更暗，从而产生一种柔和光线照射的效果，如图 11.18 所示。

图 11.17 【叠加】模式

图 11.18 【柔光】模式

（13）【强光】模式

该模式与【柔光】模式类似，也是将下面图层中灰度值与上面图层进行处理，所不同的是产生的效果就像一束强光照射在图像上一样。

（14）【亮光】模式

该模式通过增加或减小上下图层中颜色的对比度来加深或减淡颜色，具体取决于混合色。如果混合色比 50%灰色亮，则通过减小对比度使图像变亮；如果混合色比 50%灰色暗，则通过增加对比度使图像变暗，如图 11.19 所示。

（15）【线性光】模式

该模式通过减小或增加上下图层中颜色的亮度来加深或减淡颜色，具体取决于混合色。如果混合色比 50%灰色亮，则通过增加亮度使图像变亮；如果混合色比 50%灰色暗，则通过减小亮度使图像变暗，如图 11.20 所示。

图 11.19 【亮光】模式

图 11.20 【线性光】模式

（16）【点光】模式

该模式与【线性光】模式相似，是根据上面图层与下面图层的混合色来决定替换部分较暗或较亮的颜色，如图 11.21 所示。

（17）【实色混合】模式

该模式将根据上面图层与下面图层的混合色产生减淡或加深效果，如图 11.22 所示。

图 11.21 【点光】模式

图 11.22 【实色混合】模式

（18）【差值】模式

该模式将上面图层与下面图层中颜色的亮度值进行比较，将两者的差值作为结果颜色。当不透明度为 100%时，白色将全部反转，而黑色则保持不变，如图 11.23 所示。

（19）【排除】模式

该模式由亮度决定是否从上面图层中减去部分颜色，得到的效果与【差值】模式相似，只是它更柔和一些，如图 11.24 所示。

（20）【色相】模式

该模式只是将上下图层中颜色的色相进行相融，形成特殊的效果，但并不改变下面图层的亮度和饱和度，如图11.25所示。

图11.23 【差值】模式

图11.24 【排除】模式

（21）【饱和度】模式

该模式只是将上下图层中颜色的饱和度进行相融，形成特殊的效果，但并不改变下面图层的亮度和色相，如图11.26所示。

图11.25 【色相】模式

图11.26 【饱和度】模式

（22）【颜色】模式

该模式只将上面图层中颜色的色相和饱和度融到下面图层中，并不与下面图层中颜色的亮度值进行混合，但不改变其亮度，如图11.27所示。

（23）【明度】模式

该模式与【颜色】模式相反，它只将当前图层中颜色的亮度融到下面图层中，但不改变下面图层中颜色的色相饱和度，如图11.28所示。

11.1.3 使用图层蒙版混合图像

图层蒙版用于为图层增加屏蔽效果，其优点在于可以通过改变图层蒙版中不同区域的黑白程度，以控制图层中图像对应区域的显示或隐藏，从而使当前图层中的图像与下面图层中的图像产生特殊的混合效果。

图 11.27 【颜色】模式

图 11.28 【明度】模式

蒙版也是另一种专用的选区处理技术，可选择也可隔离图像，在处理图像时可屏蔽和保护一些重要的图像区域不受编辑和加工的影响。

（1）认识图层蒙版

图层蒙版是附着在图层上存在的，图 11.29 所示是没有蒙版的图像效果。如图 11.30 所示是为【图层 1】添加了图层蒙版后与背景图层混合后的效果。

图 11.29 没有图层蒙版的效果

图 11.30 添加图层蒙版后的效果

（2）创建图层蒙版

Photoshop CS6 为用户提供了多种创建图层蒙版的方法，用户可以根据实际情况选择一种最适合自己的创建方法。下面介绍图层蒙版几种常见的创建方法。

① 直接创建图层蒙版。这是使用最频繁的创建方法，通过【图层】控制面板底部的【添加图层蒙版】按钮 ◻ 即可轻松实现。操作步骤如下。

步骤一：选择要添加图层蒙版的图层；

步骤二：单击【图层】控制面板底部的【添加图层蒙版】按钮 ◻ 。

直接单击【添加图层蒙版】按钮 ◻ ，创建的图层蒙版默认填充色为白色，如图 11.31 所示；如果在按住 Alt 键的同时单击 ◻ 按钮，则创建的图层蒙版的填充色为黑色，如图 11.32 所示，表示全部隐藏图层中的图像。

图 11.31　白色填充的蒙版　　　　图 11.32　黑色填充的蒙版

② 利用选区创建图层蒙版。如果当前图像中存在选区，就可以利用该选区来创建图层蒙版，并可选择添加图层蒙版后的图像是显示还是隐藏。操作步骤如下。

步骤一：选择要添加图层蒙版的图层；

步骤二：选择【图层/图层蒙版】菜单命令，在弹出的子菜单中选择相应的命令，如图 11.33 所示。

为了更好地理解选择【显示选区】和【隐藏选区】命令时创建的图层蒙版效果，现以一个实例来进行讲解，操作步骤如下。

步骤一：打开素材图像一和素材图像二，并将素材图像二复制到素材图像一中的空白图层【图层1】中；

步骤二：选中【图层1】为当前图层，选择工具箱中的快速选择工具，选中图像中的红圆部分，如图 11.34 所示；

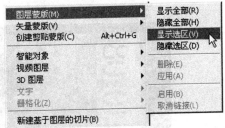

图 11.33　通过选区创建图层蒙版的命令选项

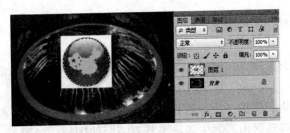

图 11.34　选择红圆部分作为选区

步骤三：选择【图层/图层蒙版/显示选区】菜单命令，效果如图 11.35 所示；如果选择【图层/图层蒙版/隐藏选区】菜单命令，效果如图 11.36 所示。

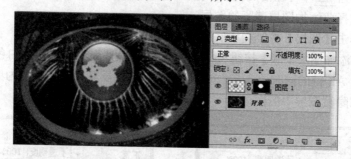

图 11.35　【显示选区】图层蒙版的效果

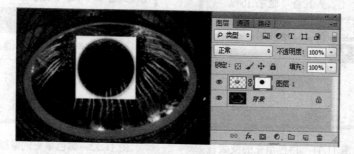

图 11.36　【隐藏选区】图层蒙版的效果

③ 使用【贴入】命令创建图层蒙版。在图像存在选区的情况下，可以复制一幅图像到粘贴板中，然后选择【编辑/选择性粘贴/贴入】菜单命令将粘贴板中复制的图像粘贴到选区内，并同时产生新图层，该图层上会附加一个只显示选区内图像的蒙版。例如，以创建一个【手机屏保】图像来进行具体介绍，操作步骤如下。

图 11.37　手机素材图像

图 11.38　素材图像二

步骤一：打开素材一手机图像，如图 11.37 所示，使用矩形选框工具沿手机的屏幕绘制一个矩形选区；

步骤二：打开素材图像二，如图 11.38 所示，全选后按 Ctrl+C 键将选区的内容送入粘贴板中；

步骤三：切换到素材图像一上，选择【编辑/选择性粘贴/贴入】菜单命令，系统自动将复制的图像粘贴到屏幕选区内，并生成一个具有蒙版的图层，如图 11.39 所示。

项目 11 节日贺卡的设计　　**143**

图 11.39 【贴入】后创建图层蒙版的效果

（3）管理图层蒙版

图层蒙版被创建后，用户还可以根据系统提供的不同方式管理图层蒙版。常用的管理方法有以下几种：

① 查看图层蒙版。默认情况下，图像窗口中不能看到图层蒙版中的图像效果，但按住 Alt 键的同时在【图层】控制面板中单击图层蒙版的缩略图即可进入图层蒙版编辑状态，这样就可以在图像窗口中观察图层蒙版的状态，如图 11.40 所示。如果要退出图层蒙版编辑状态，只需要再次按住 Alt 键单击该图层蒙版缩略图即可。

② 停用/启用图层蒙版。如果要查看添加了图层蒙版的图像的原始效果，可暂时停用图层蒙版的屏蔽功能，只需在按住 Shift 键的同时在【图层】控制面板中单击图层蒙版的缩略图即可，停用的图层蒙版上将出现一个红叉标记，如图 11.41 所示。如果要重新启用图层蒙版的屏蔽功能，只需再次按住 Shift 键单击该图层蒙版缩略图即可。

图 11.40　图层蒙版状态　　　　图 11.41　停用图层蒙版

③ 应用图层蒙版。应用图层蒙版可以将蒙版中黑色对应的图像删除，白色对应的图像保留，灰色过渡区域对应的图像部分像素被删除，从而保证图像效果在应用图层蒙版前后保持不变。要应用图层蒙版，只需在图层蒙版缩略图上单击右键，在弹出的快捷菜单中选择【应用图层蒙版】命令即可，如图 11.42 所示。

④ 删除图层蒙版。如果发现不再需要图层蒙版时，可将其删除，而不会对图像进行任何的修改。在图层蒙版缩略图上单击鼠标右键，在弹出的快捷菜单中选择【删除图层蒙版】命令即可。也可以拖动图层蒙版到【图层】控制面板底部的【删除图层】按钮 上后释放鼠标，然后在弹出的对话框中单击【删除】按钮即可。

⑤ 链接图层蒙版。默认情况下，图层与图层蒙版保持链接状态，即图层缩略图与图层蒙版缩略图之间会显示一个链接按钮 ，此时使用移动工具移动图层图像时，图层蒙版中

的图像也会随之而移动,保持蒙版与图像中对应的位置不发生变化,如图11.43所示。

图11.42 应用图层蒙版

图11.43 图层蒙版链接状态下移动图像

如果要单独移动图层中的图像或蒙版中的图像,应先单击链接按钮 使其消失,然后分别选择移动图像或蒙版即可,如图11.44所示。

图11.44 图层蒙版未链接状态下移动图像

11.2 图层的调整

通过前面的学习,大家已经知道在图像合成处理时,如果发现某个图层上图像在色彩与色调上出现偏差时,就可以通过色彩或色调命令来加以调整,但一次只能调整一个图层。现在将介绍如何通过创建调整图层来同时调整多个图层上图像。

11.2.1 认识调整图层

调整图层类似于图层蒙版,它由调整缩略图和图层蒙版缩略图组成,如图11.45所示。

调整缩略图由于创建调整图层时选择的色调或色彩命令不一样而显示出不同的图像效果。图层蒙版随调整图层的创建而创建，默认情况下填充色为白色，即表示调整图层对图像中的所有区域起作用；调整图层名称会随着创建调整图层时选择的调整命令来显示，如当创建的调整图层是用来调整图像的色阶时，则名称为【色阶 1】，如图 11.46 所示。

图 11.45　调整图层

图 11.46　选择调整命令

11.2.2　创建调整图层

调整图层在创建过程中还可以根据需要对图像进行色调或色彩调整，也可以在创建后随时修改及调整，而不用担心会损坏原来的图像。其操作步骤如下。

步骤一：选择【图层/新建调整图层】菜单命令，并在弹出的子菜单中选择一个调整命令，现选择【亮度/对比度】命令，如图 11.47 所示；

步骤二：在打开的【新建图层】对话框中单击【确定】按钮，如图 11.48 所示，然后在打开的【亮度/对比度】对话框中调整参数，单击【确定】按钮完成调整图层的创建。

图 11.47　【新建图层】对话框

图 11.48　创建亮度对比度调整图层

11.2.3　编辑调整图层

调整图层创建完成以后，如果用户觉得图像不够理想，还可以通过调整图层继续调整图像。

11.3　图　层　组

图层组是用来管理和编辑图层的，因此可以将图层组理解为一个装有图层的器皿，如图 11.49 所示。无论图层是否在图层组内，对图层所做的编辑都不会受任何影响。

图 11.49　图层组

11.3.1　创建图层组

创建图层组主要有以下几种方法：

- ◆ 选择【图层/新建/图层组】菜单命令；
- ◆ 单击【图层】控制面板右上角的▼三按钮，在弹出的快捷菜单中选择【新建组】命令；
- ◆ 按住 Alt 键的同时单击【图层】控制面板底部的【创建新组】按钮 ；
- ◆ 直接单击【图层】控制面板底部的【创建新组】按钮 。

用上面前 3 种方法创建图层组时，都会打开如图 11.50 所示的【新建组】对话框，在其中进行设置后单击【确定】按钮即可建立图层组，如图 11.51 所示。

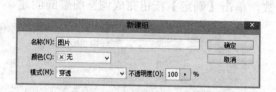

图 11.50　【新建组】对话框

图 11.51　新建的图层组

直接单击【图层】控制面板中的【创建组】按钮 创建图层组时不会打开【新建组】对话框，创建的图层组将保持系统的默认设置，创建的图层组名依次为组 1，组 2……。

11.3.2　编辑图层组

图层组的编辑主要包括增加或移除图层组内的图层，以及对图层组的删除操作。

（1）增加或移除组内图层

在【图层】控制面板中选择要添加到图层组中的图层，按住鼠标左键并拖至图层组上，当图层组周围出现黑色实线框时释放鼠标，即可完成向图层组内添加图层的操作。如果想将图层组内的某个图层移动至图层外，只需将该图层拖放至图层组外后释放鼠标即可。

（2）删除图层组

删除图层组的方法与删除图层的操作方法一样，只需在【图层】控制面板中拖动要删除的图层组到【删除图层】按钮 上，然后在打开的提示对话框中单击相应的按钮即可，或通过执行菜单命令亦可，如图 11.52 所示。

图 11.52 删除图层组菜单

项目实现

小李今天在查看公司过往资料时看到同事设计的中秋贺卡效果图，心想马上开学后不久就是中秋节了，今年中秋我给朋友们发一张自制的中秋贺卡多神气！小李按下列步骤完成了项目任务。

步骤一：打开素材图像一，如图 11.53 所示；打开素材图像二，如图 11.54 所示；

图 11.53 素材图像一　　　　　　　　　图 11.54 素材图像二

步骤二：新建一图像文件，宽度为 300 像素，高度为 400 像素，背景为白色；

步骤三：新建一空白图层，名称为【图层 1】；

步骤四：选中素材图像一全部，按 Ctrl+C 键，然后粘贴到新建的空白图像中的图层 1 上。选择图层混合的方式为【溶解】，配合不透明度的设置，如图 11.55 所示，以体现星光点点的意境；

步骤五：将素材图像二设为当前图像，选择魔棒选择工具，单击素材图像中的黑色部分，然后选择【选择/反向】菜单命令，此时选中月亮为选区。按 Ctrl+C 将月亮复制到粘贴板中；

步骤六：将月亮粘贴到新建的主文件中，设置图层样式为【阴影】，调整相应的参数，得到的效果如图 11.56 所示；

步骤七：从素材图像三中选择四个小矩形区域，分别复制到主图像文件中，作为文字背景使用。选择【编辑/自由变形】菜单命令，分别调整四个小矩形的位置，效果如图 11.57 所示；

步骤八：选择纵排文字工具，输入【中秋快乐】四个字，并设置文字的样式，效果如图 11.58 所示；

步骤九：将设计好的中秋贺卡保存。

图 11.55　图层溶解后效果

图 11.56　添加月亮图层并设置样式

图 11.57　添加文字背景方块

图 11.58　最终中秋贺卡效果

项目拓展

编辑图层蒙版是指根据要显示或隐藏的图像，使用适当的工具来调整蒙版中哪部分区域为白色，哪部分区域为黑色。

编辑图层蒙版的方法有多种，可以使用渐变、画笔等绘图工具来修改，也可以使用色阶、曲线等色调调整命令来修改。无论使用哪种方法来编辑图层蒙版，都必须遵循三个原则：

◆ 如果要隐藏图像，需将图层蒙版中对应的区域调整为黑色；
◆ 如果要显示图像，需将图层蒙版中对应的区域调整为白色；
◆ 如果要使图像具有一定的透明度，需将图层蒙版中对应的区域调整为灰色。

为能更详细地掌握图层蒙版的编辑方法，现以一例来进行介绍，其操作步骤如下。

步骤一：打开素材图像一，如图 11.59 所示；

步骤二：打开素材图像二，如图 11.60 所示，选择工具箱中的【移动工具】，按住 Shift 键的同时将该图像拖放到素材图像一中，系统会自动生成【图层 1】；

图 11.59　素材图像一　　　　　图 11.60　素材图像二

步骤三：单击【图层】控制面板底部的【添加图层蒙版】按钮 ⬚，为【图层 1】创建一个填充色为白色的图层蒙版；

步骤四：设定前景色为黑色，背景色为白色，选择工具箱中的【渐变工具】，在工具属性栏中设置渐变样本为【前景到背景】，渐变样式为【线性渐变】，然后在图像顶部从上而下绘制渐变，如图 11.61 所示，得到图 11.62 的效果；

图 11.61　渐变填充　　　　　图 11.62　渐变填充后的效果

步骤五：在【图层】控制面板中单击【图层 1】中图像的缩略图，将当前编辑对象设置为图像，按 Ctrl+L 键打开【色阶】对话框，如图 11.63 所示，将参数值设置为合适的大小；

步骤六：单击【确定】按钮，得到的图像最终效果如图 11.64 所示，保存编辑后的图像。

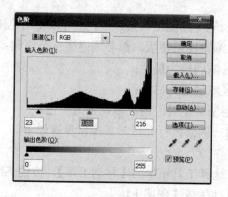
图 11.63 【色阶】对话框

图 11.64 最终效果

项目习题

一、选择题

1. 在"图层样式"面板中,将"高级混合"下的"不透明度"设置为 0,那么(　　)。
   A. 只有图层样式可见,原图层的图像不可见
   B. 原图层图像与图层样式效果均不可见
   C. 只有原图层的图像可见,添加的图层样式效果将不可见
   D. 原图层图像与添加的图层样式均可见

2. 对图层之间的混合模式,下列说法正确的是(　　)?
   A. 图层混合模式,实际上就是在当前图层添加了某种图层样式
   B. 图层混合模式,实际上就是在当前图层与当前图层的以下图层均添加了某种图层样式
   C. 图层混合模式,实际上就是两个图层之间的特殊的叠加效果
   D. 图层混合模式,是对图层有不可恢复的损伤

3. 关于几种图层混合模式,下列说法不正确的是(　　)?
   A. 图层混合模式的变暗模式,就是将当前图层与之下一图层进行比较,只允许下面图层中比当前图层暗的区域显示出来
   B. 图层混合模式的变亮模式,就是将当前图层与之下一图层进行比较,只允许下面图层中比当前图层亮的区域显示出来
   C. 图层混合模式的溶解模式,可以使当前图层的完全不透明区域和半透明区域的图像像素散化
   D. 图层混合模式的颜色模式,就是将当前图层中的颜色信息(色相和饱和度)应用到下面的图像中

二、操作题

以恭贺新年为主题设计贺卡一枚,要求使用图层蒙版及调整图层等技术,结果请通过 E-mail 发送到教师指定的信箱中。

项目 12　物品图片的合成

项目任务

小李在经典广告公司的实习指导工程师今天的任务是为某品牌的化妆品设计一幅广告。工程师让小李试着完成其中的背景图案部分,要求具有一定的艺术性。小李今天是如何完成项目任务的呢?

项目要点

- 基本概述
- 通道的基本操作
- 蒙版的基本操作

项目准备

12.1　基本概述

通道是 Photoshop 中用来保护图层选区信息的一种特殊技术;蒙版是另一种专用的选区处理技术。

12.1.1　通道

在 Photoshop 中,通道用于存放颜色信息,是独立的颜色平面。每个 Photoshop 图像都具有一个或多个通道,如图 12.1 所示,用户可以分别对每个原色通道进行明暗度、对比度的调整,甚至可以对原色通道单独执行滤镜功能,从而为图像添加许多特殊的效果。

图 12.1　RGB 色彩模式对应的通道

(1) 通道的类型

当新建或打开一幅图像时,系统会自动为该图像创建相应的颜色通道,图像的颜色模式不同,系统所创建的通道数量也不同,下面分别进行介绍。

◆ RGB 模式图像的颜色通道：一幅 RGB 图像由红、绿、蓝 3 个颜色通道组成的，分别用于保存图像的红色、绿色和蓝色颜色信息，每个通道用 8 位或 16 位来表示。

◆ CMYK 模式图像的颜色通道：CMYK 模式的图像共有 4 个颜色通道，包括青色、洋红、黄色和黑色，分别保存相应的颜色信息。

◆ Lab 模式图像的颜色通道：Lab 模式图像的颜色通道有 3 个，包括明度通道、a 通道（由红色到绿色的光谱变化）和 b 通道（由蓝色到黄色的光谱变化）。

◆ 灰度模式图像的颜色通道：灰度模式图像的颜色通道只有一个，用来保存图像的灰度信息，用 8 位或 16 位来表示。

◆ 位图模式图像的颜色通道：位图模式图像的颜色通道只有一个，用来表示图像的黑、白两种颜色。

◆ 索引颜色模式图像的颜色通道：索引颜色模式图像的颜色通道只有一个，用来保存调色板中的位置信息，具体的颜色由调色板中该位置所对应的颜色来决定。

（2）通道控制面板

在 Photoshop 中通道的管理是通过系统提供的【通道】控制面板来实现的，因此要掌握通道的使用和编辑，必须先熟悉通道控制面板，如图 12.2 所示。

12.1.2 蒙版

蒙版是另一种专用的选区处理技术，可选择也可隔离图像，在图像处理时可屏蔽和保护一些重要的图像区域不受编辑和加工的影响（当对图像的其余区域进行颜色变化、滤镜效果和其他效果处理时，被蒙版蒙住的区域不会发生改变）。

蒙版是一种 256 色的灰度图像，它作为 8 位灰度通道存放在图层或通道中，用户可以使用绘图编辑工具对它进行修改，此外蒙版还可以将选区存储为 Alpha 通道。

图 12.2 【通道】控制面板

12.2 通道的基本操作

通道的操作主要包括通道的选择、创建、复制、删除、分离、合并以及运算等，下面分别进行具体介绍。

12.2.1 选择通道

通道与图层一样，要对某通道进行编辑处理时，应先选择该通道。刚刚打开一幅图像时，合成通道和所有分色通道都处于激活状态，它们都以蓝色醒目显示，如果要将某通道作为当前工作通道，只需单击该通道对应的缩略图即可，如图 12.3 所示。

图 12.3 选择蓝色通道为当前通道

12.2.2 创建通道

通过【通道】控制面板，用户可以快速地创建 Alpha 通道和专色通道。

（1）创建 Alpha 通道

Alpha 通道用于保存图像选区。创建通道主要有以下两种方法：

◆ 单击【通道】控制面板底部的【新建通道】按钮 ，即可新建一个 Alpha 通道。新建的 Alpha 通道在图像窗口中显示为黑色，如图 12.4 所示。

◆ 单击通道快捷菜单按钮，在弹出的快捷菜单中选择【新建通道】命令，在打开的如图 12.5 所示的新通道对话框中设置新通道的名称、色彩的显示方式和颜色后单击【确定】按钮，就可新建一个 Alpha 通道。

图 12.4 新建的 Alpha 通道

图 12.5 【新建通道】对话框

（2）创建专色通道

要创建专色通道，只需单击通道快捷菜单按钮，在弹出的快捷菜单中选择【新专色通道】命令，然后在打开的对话框中设置通道名称、显示颜色和颜色密度，最后单击【确定】按钮即可。

12.2.3 复制通道

复制通道的操作方法与复制图层类似，先选中需要复制的通道，然后按住鼠标左键不放并拖动到下方的【新建通道】按钮 上，当鼠标光标变成小手状时释放鼠标即可。

12.2.4 删除通道

要删除一个通道可以使用下面几种方法：

◆ 直接将要删除的通道拖动到【通道】控制面板的【通道删除】按钮 上即可。

◆ 在【通道】控制面板的通道名称上单击鼠标右键，在弹出的快捷菜单中选择【删除通道】命令。

◆ 选中要删除的通道后，点击通道右上方的快捷菜单按钮 ，选择【删除通道】命令。

12.2.5 通道的分离与合并

有时为了便于编辑图像，需要将一个图像文件的各个通道分开，各自成为一个拥有独立图像窗口和【通道】控制面板的独立文件，可以对各个通道文件独立编辑。当编辑完成后，再将各个独立的通道文件合成到一个图像文件中，这就是通道的分离与合并。为便于更多理解，现以一例来介绍其使用，具体操作步骤如下。

步骤一：打开素材一图像，如图 12.6 所示；

图 12.6　打开后的图像及对应的通道

步骤二：单击通道快捷菜单按钮，在弹出的快捷菜单中选择【分离通道】命令，系统会自动将图像按原图像中的分色通道数目分解为 3 个独立的灰度图像，如图 12.7 所示；

图 12.7　分离通道后生成的图像

步骤三：将蓝色灰度图像（1238.jpg_蓝）作为当前工作图像，选择【滤镜/风格化/凸出】菜单命令，在打开的对话框中直接单击【确定】按钮，如图 12.8 所示，此时当前图像的效果如图 12.9 所示；

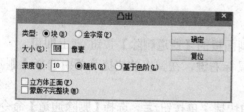

图 12.8　【凸出】对话框　　　　　图 12.9　应用滤镜后的效果

步骤四：单击通道快捷菜单按钮，在弹出的快捷菜单中选择【合并通道】命令，在打开的【合并通道】对话框中设置合并后的图像颜色模式为【RGB 颜色】，如图 12.10 所示，单击【确定】按钮，这样就为原图添加了背景纹理效果，如图 12.11 所示。

12.2.6　通道的运算

通道的分离与合并都是对一个图像中的通道进行的，Photoshop 也允许用户对两个不同的图像中的通道进行同时运算，以得到更精彩的图像效果。下面以一例来介绍通道的运算，其操作步骤如下。

图 12.10 【合并通道】对话框

图 12.11 合并后的效果

步骤一：打开素材图像一（1223.jpg），如图 12.12 所示；打开素材图像二（1224.jpg），如图 12.13 所示。将两幅素材图像的大小及分辨率设置为相同；

图 12.12 素材图像一（1223.jpg）

图 12.13 素材图像二（1224.jpg）

步骤二：选择【图像/应用图像】菜单命令，打开【应用图像】对话框，设置源图像为素材图像二，设置目标图像为素材图像一，混合模式为【相加】，如图 12.14 所示；

步骤三：单击【确定】按钮，这样两图混合后的效果如图 12.15 所示，将通道运算后最终的效果图保存。

图 12.14 【应用图像】对话框

图 12.15 通道运算后的效果图

12.3 蒙版的基本操作

蒙版和通道一样，要熟练地使用并制作出好的图像效果，首先应对它有一个深入了解，并掌握它的创建和编辑方法。

12.3.1 创建蒙版

在 Photoshop CS6 中，用户可以创建快速蒙版、图层蒙版、剪贴蒙版和文字蒙版等 4 种蒙版。

（1）创建快速蒙版

快速蒙版是一种临时性的蒙版，是暂时在图像表面产生一种与保护膜类似的保护装置，其实质就是通过快速蒙版来绘制选区。下面以改变人物背景来介绍快速蒙版的创建方法，其操作步骤如下。

步骤一：打开素材图像一，如图 12.16 所示；

步骤二：单击工作界面左侧工具箱底部的【以快速蒙版模式编辑】按钮，以进入快速蒙版状态，此时图像中所有区域都处于未保护状态；

图 12.16　素材图像一

图 12.17　在快速蒙版中创建保护区域

步骤三：使用画笔工具在蒙版区域内熊猫的四周涂抹，绘制的区域呈半透明的红色显示，如图 12.17 所示；

步骤四：调整画笔的主直径，并继续在图像空白的区域涂抹，直到得到如图 12.18 所示的效果，如果想去除已涂抹的局部区域，可选择橡皮擦工具擦除；

步骤五：单击工具箱中的按钮退出快速蒙版，得到如图 12.19 所示的选区；

步骤六：按 Ctrl+C 键，将选区内的图像复制到粘贴板中；

步骤七：打开素材图像二，如图 12.20 所示，然后按 Ctrl+V 键将粘贴板中的图像复制到当前图像中，按 Ctrl+T 键，对粘贴上的图像进行变形处理至合适的大小，可以对粘贴的图像进行调整，使其亮度与背景相符合；

步骤八：在素材二中重复执行前一步骤的操作，得到的最终效果如图 12.21 所示。将处理好的图像保存。

图 12.18　编辑蒙版

图 12.19　通过蒙版绘制的区域

图 12.20　素材图像二

图 12.21　复制后的图像

（2）创建图层蒙版

图层蒙版存在于图层之上，图层是它的载体，使用图层蒙版可以控制图层中不同区域的隐藏或显示，并可通过编辑图层蒙版将各种特殊效果应用于图层中的图像上，且不会影响该图层的像素。

（3）创建文字蒙版

通过工具箱中的横排文字蒙版工具 和直排文字蒙版工具 ，可以创建文字蒙版，即文字选区，这些内容已在前面的章节中作过介绍。

12.3.2　编辑蒙版

通过前面的介绍，大家已经明白创建蒙版的实质就是为了获得选区，和绘制后的选区一样，用户也可以对蒙版进行编辑。

（1）创建蒙版通道

蒙版通道是通过选区而生成的，要创建蒙版通道，应先绘制一个选区，如图 12.22 所示，然后单击【通道】控制面板中的【将选区存储为通道】，即可生成蒙版通道，如图 12.23 所示。

图 12.22　绘制选区

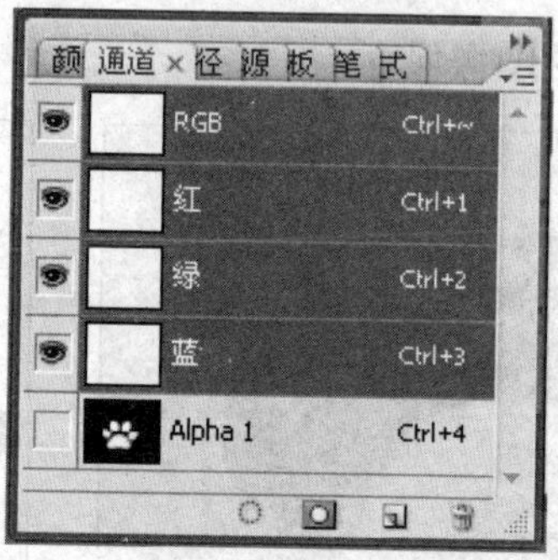

图 12.23　创建蒙版通道

（2）编辑蒙版通道

编辑蒙版通道和编辑快速蒙版的原理一样，在【通道】控制面板中选要编辑的蒙版通道，此时图像中显示蒙版保护的区域，如图 12.24 所示，这时使用画笔等绘图工具在图像编辑区中涂抹即可。

（3）对蒙版选区应用滤镜

通过为蒙版选区应用滤镜，可以快速改变选区范围，现以一例来介绍其使用，具体操作步骤如下。

步骤一：打开素材图像一，使用矩形选区工具绘制如图 12.25 所示的矩形选区；

步骤二：单击工具箱底部的快速蒙版按钮 ，进入快速蒙版，如图 12.26 所示；

图 12.24　蒙版通道显示状态

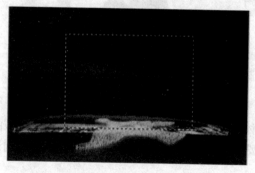

图 12.25　绘制矩形选区

图 12.26　进入快速蒙版

步骤三：选择【滤镜/风格化/凸出】菜单命令，在打开的【凸出】对话框中设置参数，如图 12.27 所示；

步骤四：单击【确定】按钮，此时快速蒙版被编辑成图 12.28 所示的效果；

步骤五：再次单击工具箱底部的快速蒙版按钮 ，退出快速蒙版，打开素材图像二，按 Ctrl+A 键全选图像，按 Ctrl+C 键将选中的图像复制到粘贴板中；

步骤六：激活素材图像一，按 Shift+Ctrl+V 键，创建一个带蒙版的图层，如图 12.29 所示；

步骤七：为生成的新图层添加【外发光】图层样式，在打开的对话框中选用默认的参数，效果如图 12.30 所示；

步骤八：将结果图像文件保存。

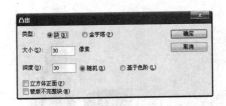

图 12.27 【凸出】对话框

图 12.28 应用滤镜后的快速蒙版

图 12.29 创建蒙版图层

图 12.30 添加外发光样式效果

项目实现

小李在经典广告公司的实习指导工程师今天的任务是为某品牌的化妆品设计一幅广告。工程师让小李试着完成其中的背景图案部分，要求具有一定的艺术性。小李按以下步骤完成了项目任务。

步骤一：将厂家提供的产品图片电子化处理形成素材图像一；

步骤二：在素材图像一中，选择图中物品，按 Ctrl+C 键将选区图像复制到粘贴板中，新建空白图层命名为【图层 1】，将粘贴板中的图像复制到图层 1 中，设置图层样式为投影，效果如图 12.31 所示；

步骤三：通过互联网查找相关资料图像，最终选中素材图像二，如图 12.32 所示；

图 12.31 素材图像一

图 12.32 素材图像二

步骤四：将素材图像一和素材图像二的大小及分辨率设置成相同；

步骤五：选择【图像/应用图像】菜单命令，打开【应用图像】对话框，设置源图像为素材图像二，设置目标图像为素材图像一，混合模式为【正片叠底】，如图 12.33 所示；

步骤六：单击【确定】按钮，这样两图混合后的效果如图 12.34 所示，将通道运算后最终的效果图保存。

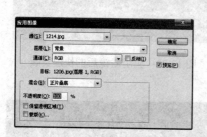

图 12.33　【应用图像】对话框

图 12.34　背景图像效果图

项目拓展

在 Photoshop 中通道除了可以保存颜色外，还可以保存选区信息，此类通道就是 Alpha 通道。将选区保存在 Alpha 通道时，选区被保存为白色，而非保护区域为黑色，如果选区具有不为 0 的羽化数值，则此类选区为具有灰色柔和边缘的通道。

当 Alpha 通道被创建后，即可以用绘图的方式对其进行编辑，也可以用形状工具在 Alpha 通道中绘制标准的几何形状，凡是所有在图层上可以应用的作图手段都可以使用。现以一例来介绍一下使用 Alpha 通道创建选区的实例。

步骤一：打开素材图像文件一，如图 12.35 所示。切换到"通道"面板，单击创建新通道的按钮，得到一个新的通道为"Alpha 1"，如图 12.36 所示。

图 12.35　素材图像一

图 12.36　建立"Alpha 1"通道的控制面板

步骤二：在工具箱中选择椭圆工具，对应素材图像中球的大小画一个正圆，填充为白色，此时的通道面板如图 12.37 所示。

步骤三：选择【滤镜/模糊/高斯模糊】菜单命令，效果如图 12.38 所示。

图 12.37　绘制正圆后的通道控制面板　　　图 12.38　绘制的正圆模糊处理后效果

步骤四：打开素材文件二，如图 12.39 所示。执行"全选"操作并按"Ctrl+C"执行复制命令，切换到素材图像一。

图 12.39　素材图像二　　　　　图 12.40　关闭选择"Alpha 1"通道的效果

步骤五：按住 Ctrl 键单击"Alpha 1"的缩览图以载入选区，关闭选择"Alpha 1"通道显示，如图 12.40 所示，然后执行【编辑/选择性粘贴/贴入】菜单命令，得到如图 12.41 的效果。

图 12.41　贴入素材图像二的效果

项目习题

一、选择题

1．关于颜色通道，下列说法正确的是（　　）？

　　A．单独显示青色通道时，通道呈灰度状态

B. 通道是不能进行单独调整的
C. 一个通道只代表一种颜色的明暗变化
D. 黄色通道是由图像中所有黄色像素点的信息组成的

2. CMYK 模式图像转换成双色调图像，下列描述不正确的是（　　）？
   A. 对 CMYK 图像执行"图像>模式>双色调"命令，可将图像转换成双色调图像
   B. CMYK 图像要先转换成灰度图像后才能执行"图像>模式>双色调"命令
   C. 执行"图像>模式>双色调"命令后，在弹出的双色调对话框中可以选择 1~4 种颜色的油墨进行双色调混合
   D. 双色调图像有两个通道

3. 将选区存储为 Alpha 通道，下列说法正确的是（　　）？
   A. 执行"选择>存储选区"命令，将选区存储为新通道
   B. 单击通道调板下方的"将选区存储为通道"按钮，在弹出的"新通道"对话框中输入所要建立的新通道名称
   C. 按住 Alt 键，单击通道调板下方的"将选区存储为通道"按钮，在弹出的"新通道"对话框中输入所要建立新通道的名称
   D. 单击通道调板下方的"新通道"按钮，在弹出的"新通道"对话框中输入所要建立新通道的名称

4. 将图片从选区状态切换到快速蒙版状态，应使用键盘上的哪个字母键（　　）？
   A. 字母"F"　　　　　　　　B. 字母"B"
   C. 字母"Q"　　　　　　　　D. 字母"R"

二、操作题

设计一幅手机广告，要求用到通道或蒙版的相关技术，结果发送到作业信箱中。

项目 13　水中倒影的制作

项目任务

小李在经典广告公司的实习指导工程师今天的任务是为某房地产公司开发的楼盘制作广告，其中要用到水中倒影的制作。工程师让小李做一个水中倒影效果给他看一下，小李是如何完成今天项目任务的呢？

项目要点

- 滤镜库的设置与应用
- 其他滤镜的设置与应用

项目准备

13.1　滤镜库的设置与应用

在平常的平面处理中，只有部分滤镜被经常使用，为了便于快速找到并使用它们，开发商将它们放在滤镜库中，这样极大地提高了图像处理的灵活性、机动性和工作效率。

13.1.1　认识滤镜库

选择【滤镜/滤镜库】菜单命令，打开如图 13.1 所示的【滤镜库】对话框。

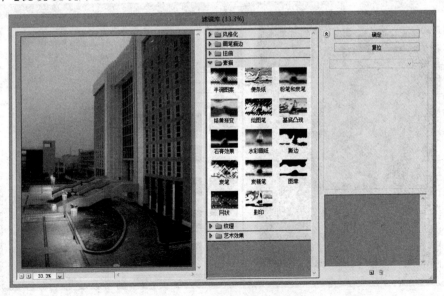

图 13.1　【滤镜库】对话框

滤镜库提出了一个滤镜效果图层的概念，即可以为图像同时应用多个滤镜，每个滤镜被认为是一个滤镜效果图层，与普通图层一样，它们也可以进行复制、删除或隐藏等，从而将滤镜效果叠加起来，得到更加丰富的特殊图像。

（1）添加滤镜效果图层

当在滤镜选择区选择一个滤镜后，滤镜参数设置区底部的列表框会出现显示当前选择滤镜名称的滤镜效果图层，这时可以在预览框中观察该滤镜作用在图像上的效果。如果要为图像叠加另一个滤镜，其操作步骤如下。

步骤一：单击【新建效果图层】按钮，这时将新建一个滤镜效果图层，该滤镜图层将延续上一个滤镜图层的命令及参数，如图 13.2 所示；

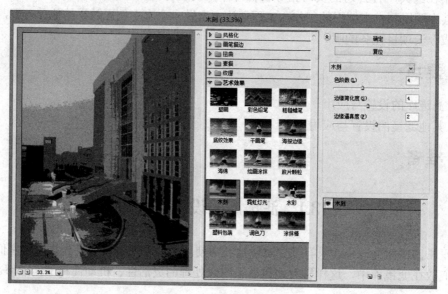

图 13.2　新建滤镜效果图层

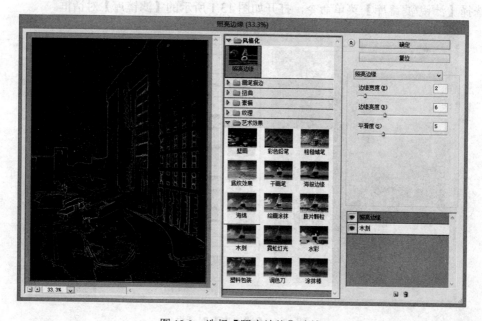

图 13.3　选择【照亮边缘】滤镜

步骤二：在滤镜选择区中选择另一个需要的滤镜命令，这样就完成了滤镜效果图层的添加，如图 13.3 所示。

（2）改变滤镜效果图层叠加顺序

改变滤镜效果图层的叠加顺序，可以改变图像应用滤镜后的最终效果，只需拖动要改变顺序的效果图层到其他效果图层的前面或后面，待该位置出现一条黑色的线时释放鼠标即可。图 13.4 所示为将【照亮边缘】效果图层移到【木刻】效果图层下面后的滤镜效果。

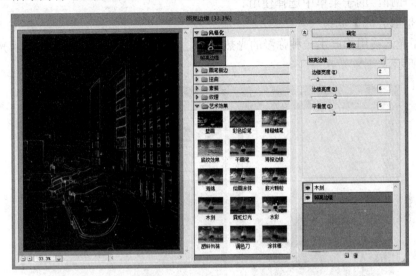

图 13.4　改变滤镜效果图层叠放顺序

（3）隐藏及删除滤镜效果图层

滤镜效果图层的隐藏与删除就像对普通图层操作一样方便。

◆ 隐藏滤镜效果图层：如果不想观察某一个或某几个滤镜效果图层产生的滤镜效果，只需单击不需要观察的滤镜效果图层前面的眼睛图标，以将其隐藏即可。如图 13.5 所示为隐藏【照亮边缘】效果图层后的效果。

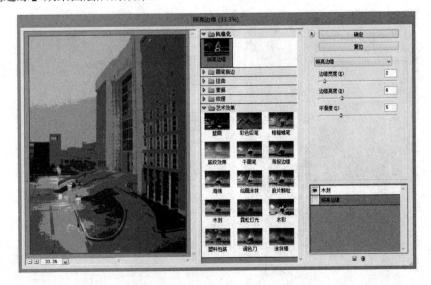

图 13.5　隐藏【照亮边缘】效果图层

◆ 删除滤镜效果图层：对于不再需要的滤镜效果图层，可以将其删除。操作步骤是：先在滤镜列表框中选择要删除的图层，然后单击底部的【删除效果图层】按钮 即可。

13.1.2 扭曲类滤镜

扭曲类滤镜主要用于对图像进行扭曲变形，该组滤镜提供了 13 种滤镜效果，其中【扩散亮光】、【海洋波纹】和【玻璃】滤镜位于滤镜库中，其他的可通过选择【滤镜/扭曲】菜单命令，然后在弹出的子菜单中选择使用。

（1）【扩散亮光】滤镜

扩散亮光滤镜用于产生一种弥漫的光热效果，使图像中较亮的区域产生一种光照效果，如图 13.6 所示。

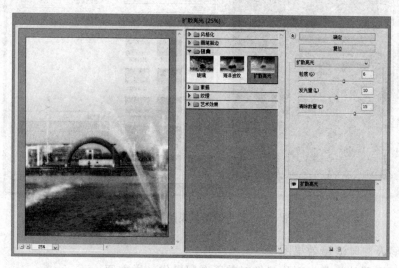

图 13.6 【扩散亮光】滤镜

（2）【海洋波纹】滤镜

【海洋波纹】滤镜可以使图像产生一种在海水中漂浮的效果，如图 13.7 所示。

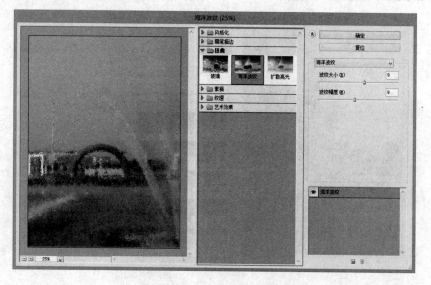

图 13.7 【海洋波纹】滤镜

(3)【玻璃】滤镜

【玻璃】滤镜可以使图像产生一种透过玻璃观察图像的效果，如图 13.8 所示。

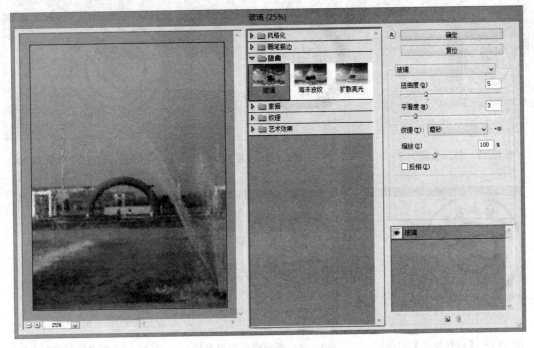

图 13.8 【玻璃】滤镜

(4)【切变】滤镜

【切变】滤镜可以使图像在竖直方向产生弯曲的效果。选择【滤镜/扭曲/切变】菜单命令，打开如图 13.9 所示的对话框。在对话框上侧方格框中的垂直线上单击可创建切变点，如图 13.10 所示，拖动切变点可实现图像的切变变形，如图 13.11 所示。

图 13.9 【切变】对话框　　　图 13.10 添加切变点　　　图 13.11 编辑切变线

(5)【挤压】滤镜

【挤压】滤镜可以使图像产生向内或向外挤压变形效果。选择【滤镜/扭曲/挤压】菜单命令后，在打开的【挤压】对话框的【数量】数值框中输入数值来控制挤压效果，如图 13.12～图 13.14 所示。

(6)【旋转扭曲】滤镜

【旋转扭曲】滤镜可以使图像沿中心产生顺时针或逆时针旋转风轮效果，选择【滤镜/扭曲/旋转扭曲】菜单命令，将打开如图 13.15 所示的对话框。

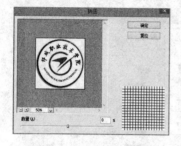
图 13.12　挤压数量为 0

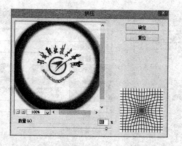
图 13.13　挤压数量为 90

图 13.14　挤压数量为-90

图 13.15　【旋转扭曲】对话框

图 13.16　平面坐标到极坐标

图 13.17　极坐标到平面坐标

（7）【极坐标】滤镜

【极坐标】滤镜通过改变图像的坐标方式使图像产生极端变形的效果，如图 13.16 和图 13.17 所示。

（8）【水波】滤镜

【水波】滤镜可使图像产生起伏状的水波纹和旋转效果，如图 13.18 所示。

图 13.18　【水波】对话框

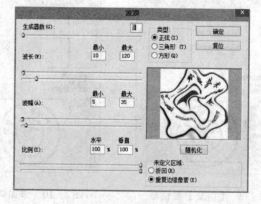
图 13.19　【波浪】对话框

（9）【波浪】滤镜

【波浪】滤镜通过设置波长使图像产生波浪涌动的效果，如图 13.19 所示。

（10）【波纹】滤镜

【波纹】滤镜可使图像产生水波荡漾的涟漪效果，如图 13.20 所示。

项目 13　水中倒影的制作

（11）【球面化】滤镜

【球面化】滤镜模拟将图像包在球上并扭曲、伸展来适合球面，从而产生球面化效果。如图 13.21 所示。

图 13.20　【波纹】对话框

图 13.21　【球面化】对话框

13.1.3　画笔描边类滤镜

画笔描边类滤镜用于模拟不同的画笔或油墨笔刷来勾画图像，产生绘画效果。该类滤镜提供了 8 种滤镜。

（1）【喷溅】滤镜

【喷溅】滤镜模拟喷枪绘画效果，使图像产生笔墨喷溅的效果，好像用喷枪在画面上喷上了许多彩色的小颗粒，如图 13.22 所示。

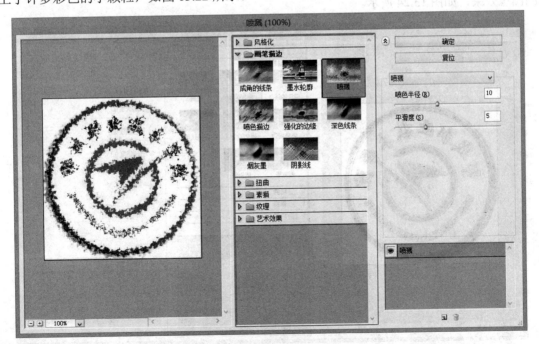

图 13.22　【喷溅】滤镜

（2）【喷色描边】滤镜

使用【喷色描边】滤镜可以使图像产生斜纹飞溅的效果，如图 13.23 所示。

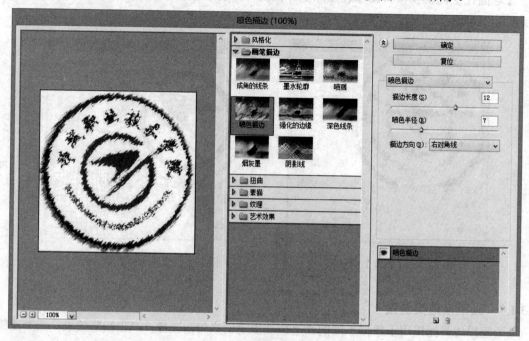

图 13.23 【喷色描边】滤镜

（3）【墨水轮廓】滤镜

【墨水轮廓】滤镜模拟使用纤细的线条在图像原细节上重绘图像，从而生成钢笔画风格的图像效果，如图 13.24 所示。

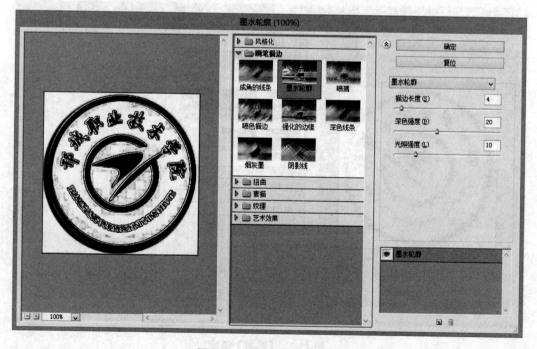

图 13.24 【墨水轮廓】滤镜

（4）【强化的边缘】滤镜

【强化的边缘】滤镜可使图像中颜色对比较大处产生高亮的边缘效果，如图 13.25 所示。

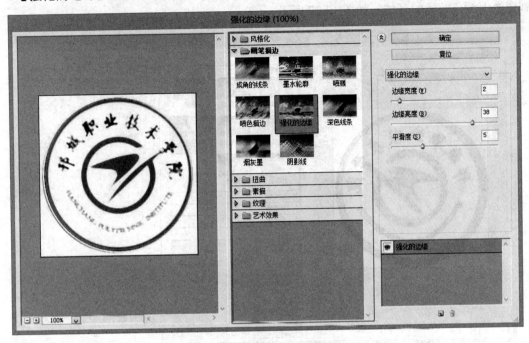

图 13.25 【强化的边缘】滤镜

（5）【成角的线条】滤镜

使用【成角的线条】滤镜可以使图像中的颜色按一定的方向进行流动，从而产生类似倾斜划痕的效果，如图 13.26 所示。

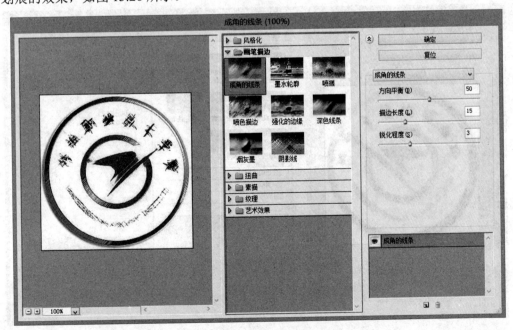

图 13.26 【成角的线条】滤镜

（6）【深色线条】滤镜

【深色线条】滤镜将使用短而密的线条来绘制图像中的深色区域，用长而白的线条来绘制图像中颜色较浅的区域，如图 13.27 所示。

图 13.27 【深色线条】滤镜

（7）【烟灰墨】滤镜

【烟灰墨】滤镜模拟使用蘸满黑色油墨的湿画笔在宣纸上绘画的效果，如图 13.28 所示。

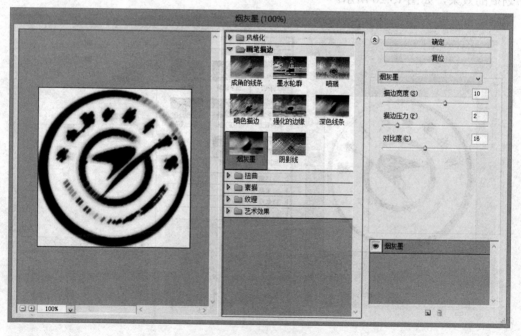

图 13.28 【烟灰墨】滤镜

（8）【阴影线】滤镜

【阴影线】滤镜可以使图像表面生成交叉状倾斜划痕效果，如图 13.29 所示。

图 13.29 【阴影线】滤镜

13.1.4 素描类滤镜

素描类滤镜用于在图像中添加纹理，使图像产生素描、速写及三维的艺术效果。该组滤镜提供了 14 种滤镜效果，全部位于滤镜库中。下面以一例来介绍素描类滤镜的使用，图 13.30 为未使用滤镜时的效果。

（1）【便条纸】滤镜

【便条纸】滤镜模拟凹隐压印图案，使图像产生草纸画效果，如图 13.31 所示。

（2）【半调图案】滤镜

【半调图案】滤镜使用前景色和背景色在图像中产生网板图案效果，如图 13.32 所示。

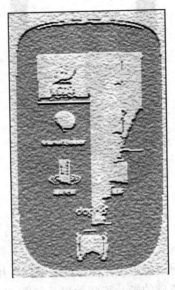

图 13.30　原始图像　　　图 13.31 【便条纸】效果　　　图 13.32 【半调图案】效果

（3）【图章】滤镜

【图章】滤镜用来模拟图章盖在纸上产生的颜色不连续效果，如图13.33所示。

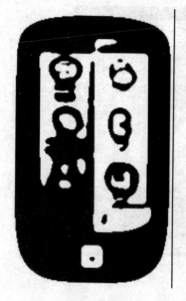  

图13.33 【图章】效果　　　图13.34 【基底凸现】效果　　　图13.35 【塑料效果】效果

（4）【基底凸现】滤镜、【塑料效果】滤镜和【影印】滤镜

【基底凸现】滤镜能使图像产生浮雕效果，如图13.34所示；【塑料效果】滤镜使图像产生塑料效果，如图13.35所示；【影印】滤镜能使图像产生影印效果，如图13.36所示。

  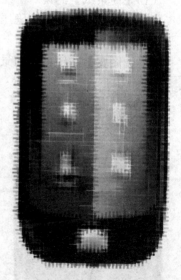

图13.36 【影印】效果　　　图13.37 【撕边】效果　　　图13.38 【水彩画纸】效果

（5）【撕边】滤镜

使用【撕边】滤镜可以用前景色来填充图像的暗部区，用背景色来填充图像的高亮区，并且在颜色相交处产生粗糙及撕破的纸片形状效果，如图13.37所示。

（6）【水彩画纸】滤镜

【水彩画纸】滤镜模仿在潮湿的纤维纸上涂抹颜色而产生画面浸湿、颜色扩散的效果，如图 13.38 所示。

（7）【炭笔】滤镜、【炭精笔】滤镜和【粉笔和炭笔】滤镜

【炭笔】滤镜模拟使用炭笔在纸上绘画效果，【炭精笔】滤镜模拟使用炭精笔绘画效果，【粉笔和炭笔】则模拟同时使用两者绘画的效果，分别如图 13.39~图 13.41 所示。

图 13.39 【炭笔】效果　　图 13.40 【炭精笔】效果　　
图 13.41 【粉笔和炭笔】效果

（8）【绘图笔】滤镜

使用【绘图笔】滤镜可以使图像产生钢笔画效果，如图 13.42 所示。

（9）【网状】滤镜

【网状】滤镜是使用前景色和背景色填充图像，产生一种网眼覆盖效果，如图 13.43 所示。

（10）【铬黄渐变】滤镜

【铬黄渐变】滤镜用于使图像中颜色产生流动效果，从而使图像产生液态金属流动的效果，如图 13.44 所示。

图 13.42 【绘图笔】效果　　图 13.43 【网状】效果　　图 13.44 【铬黄渐变】效果

13.1.5 纹理类滤镜

纹理类滤镜与素描类滤镜一样，也是在图像中添加纹理，以表现出纹理化的图像效果。该组提供了 6 种滤镜效果，全部位于滤镜库中。下面以一例来介绍纹理类滤镜的使用，图 13.45 为未使用滤镜时的效果。

（1）【拼缀图】滤镜

图 13.45 未使用滤镜的素材效果

该滤镜将图像分割成无数规则的小方块，模拟建筑拼贴瓷砖的效果，如图 13.46 所示。

（2）【染色玻璃】滤镜

该滤镜根据图像中颜色的不同产生不规则的多边形彩色玻璃块，玻璃块的颜色由该块内像素的平均颜色来确定，如图 13.47 所示。

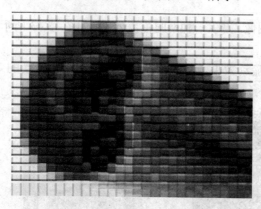

图 13.46 【拼缀图】效果

图 13.47 【染色玻璃】效果

（3）【纹理化】滤镜

使用【纹理化】滤镜可以为图像添加预知的纹理图案，从而使图像产生纹理压痕效果，如图 13.48 所示。

（4）【颗粒】滤镜

使用【颗粒】滤镜可以在图像中随机加入不同类型的、不规则的颗粒，以使图像产生颗粒纹理效果，如图 13.49 所示。

 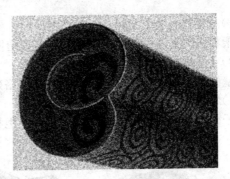

图 13.48 【纹理化】效果　　　　图 13.49 【颗粒】效果

（5）【马赛克拼贴】滤镜和【龟裂缝】滤镜

【马赛克拼贴】滤镜和【龟裂缝】滤镜分别使图像产生马赛克拼贴和浮雕效果，分别如图 13.50 和图 13.51 所示。

图 13.50 【马赛克拼贴】效果　　　　图 13.51 【龟裂缝】效果

13.1.6　艺术效果类滤镜

艺术效果类滤镜主要为用户提供模仿传统绘画手法的途径，可以为图像添加天然或传统艺术图像效果。该组滤镜提供了 15 种滤镜效果，全部位于滤镜库中，其操作界面如图 13.52 所示。

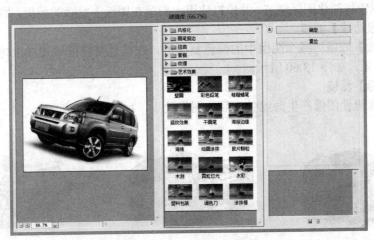

图 13.52　艺术效果类滤镜

(1)【塑料包装】滤镜

【塑料包装】滤镜使图像表面产生类似透明塑料袋包裹物体时的效果,如图 13.53 所示。

(2)【壁画】滤镜

【壁画】滤镜使图像产生古壁画粗犷风格效果,如图 13.54 所示。

(3)【干画笔】滤镜

【干画笔】滤镜可以使图像产生一种不饱和的、干燥的油画效果,如图 13.55 所示。

图 13.53 【塑料包装】效果　　图 13.54 【壁画】效果　　图 13.55 【干画笔】效果

(4)【底纹】滤镜

【底纹效果】滤镜可以使图像产生喷绘图像效果,如图 13.56 所示。

(5)【彩色铅笔】滤镜

【彩色铅笔】滤镜模拟使用彩色铅笔在图纸上绘图的效果,如图 13.57 所示。

(6)【木刻】滤镜

【木刻】滤镜使图像产生类似木刻画般的效果,如图 13.58 所示。

图 13.56 【底纹】效果　　图 13.57 【彩色铅笔】效果　　图 13.58 【木刻】效果

(7)【水彩】滤镜

【水彩】滤镜将简化图像细节,并模拟使用水彩笔在图纸上绘画的效果,如图 13.59 所示。

(8)【海报边缘】滤镜

【海报边缘】滤镜将减少图像中的颜色复杂度,在颜色变化区域边界上黑色,使图像产生海报画的效果,如图 13.60 所示。

(9)【海绵】滤镜

【海绵】滤镜使图像产生海绵吸水后的图像效果,如图 13.61 所示。

图 13.59 【水彩】效果　　图 13.60 【海报边缘】效果　　图 13.61 【海绵】效果

（10）【涂抹棒】滤镜

【涂抹棒】滤镜模拟使用粉笔或蜡笔在图纸上涂抹的效果，如图 13.62 所示。

（11）【粗糙蜡笔】滤镜

【粗糙蜡笔】滤镜模拟蜡笔在纹理背景上绘图时的效果，从而生成一种纹理浮雕效果，如图 13.63 所示。

（12）【绘画涂抹】滤镜

【绘画涂抹】滤镜模拟用手指在湿画上涂抹的模糊效果，如图 13.64 所示。

图 13.62　【涂抹棒】效果　　　图 13.63　【粗糙蜡笔】效果　　　图 13.64　【绘画涂抹】效果

（13）【胶片颗粒】滤镜

【胶片颗粒】滤镜在图像表面产生胶片颗粒状纹理效果，如图 13.65 所示。

（14）【调色刀】滤镜

【调色刀】滤镜将减少图像细节，产生类似写意画效果，如图 13.66 所示。

图 13.65　【胶片颗粒】效果　　　图 13.66　【调色刀】效果　　　图 13.67　【霓虹灯光】效果

（15）【霓虹灯光】滤镜

【霓虹灯光】滤镜将在图像中颜色对比反差较大的边缘处产生类似霓虹灯发光效果，如图 13.67 所示。

13.1.7　风格化类滤镜

风格化类滤镜主要通过移动和置换图像的像素并提高图像像素的对比度来产生印象派及其他风格化效果。该组提供 9 种滤镜，只有【照亮边缘】滤镜位于滤镜库中，其他滤镜可以通过选择【滤镜/风格化】菜单命令，然后在弹出的子菜单中选择。现以一例来介绍风格化类滤镜的使用，图 13.68 是未使用滤镜前的素材图。

（1）【照亮边缘】滤镜

【照亮边缘】滤镜对图像中颜色对比反差较大的边缘产生

图 13.68　素材图

发光效果,并加重显示发光轮廓,如图 13.69 所示。

(2)【凸出】滤镜

【凸出】滤镜将图像分成一系列大小相同但有机叠放的三维块或立方体,从而扭曲图像并创建特殊的三维背景效果,如图 13.70 所示。

(3)【扩散】滤镜

【扩散】滤镜可以使图像产生透过磨砂玻璃观察图像一样的分离模糊效果,如图 13.71 所示。

图 13.69 【照亮边缘】效果

图 13.70 【凸出】效果

图 13.71 【扩散】效果

(4)【拼贴】滤镜

【拼贴】滤镜可以将图像分割成若干小块并进行位移,产生瓷砖拼贴的效果,如图 13.72 所示。

(5)【曝光过度】滤镜

【曝光过度】滤镜可使图像产生正片和负片混合的效果,类似于摄影中增加光线强度产生的过度曝光效果,如图 13.73 所示。

(6)【查找边缘】滤镜

【查找边缘】滤镜将使图像中相邻颜色之间产生用铅笔色勾画过的轮廓效果,如图 13.74 所示。

图 13.72 【拼贴】效果

图 13.73 【曝光过度】效果

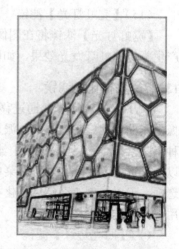
图 13.74 【查找边缘】效果

（7）【浮雕效果】滤镜

【浮雕】滤镜将图像中颜色较亮的部分分离出来，并将周围的颜色降低生成浮雕效果，如图 13.75 所示。

（8）【等高线】滤镜

【等高线】滤镜沿图像的亮区和暗区的边界绘出比较细、颜色比较浅的轮廓效果，如图 13.76 所示。

（9）【风】滤镜

【风】滤镜可以在图像中添加一些短而细的水平线来模拟风吹的效果，如图 13.77 所示。

图 13.75 【浮雕效果】效果　　图 13.76 【等高线】效果　　图 13.77 【风】效果

13.2 其他滤镜的设置与应用

13.2.1 像素化类滤镜

像素化类滤镜组主要通过将图像中相似颜色值的像素转化成单元格的方法，使图像分块或平面化。像素化类滤镜包括 7 种滤镜，只需选择【滤镜/像素化】菜单命令，在弹出的子菜单中选择相应的滤镜命令即可，如图 13.78 所示。现以图 13.79 为例来介绍像素化滤镜的使用。

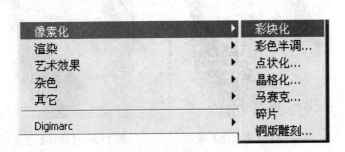 

图 13.78 像素化类滤镜　　　　　　　　　图 13.79 素材图像

（1）【彩块化】滤镜和【彩色半调】滤镜

【彩块化】滤镜使图像中纯色或相似颜色凝结为彩色块，从而产生类似宝石刻画般的效果，如图 13.80 所示，该滤镜无对话框。【彩色半调】滤镜将图像分成矩形栅格，并向栅格内填充像素，如图 13.81 所示。

图 13.80 【彩块化】效果

图 13.81 【彩色半调】对话框及效果

（2）【晶格化】滤镜

【晶格化】滤镜使图像中相近的像素集中到一个像素的多角形网格中，从而使图像清晰化，如图 13.82 所示。

（3）【点状化】滤镜

【点状化】滤镜在图像中随机产生彩色斑点，点与点之间的空隙用背景色填充，如图 13.83 所示。

（4）【碎片】滤镜

【碎片】滤镜将图像的像素复制 4 遍，然后将它们平均移位并降低不透明度，从而形成一种不聚焦的【四重现】效果，如图 13.84 所示，该滤镜无对话框。

图 13.82 【晶格化】效果

图 13.83 【点状化】效果

图 13.84 【碎片】效果

（5）【铜版雕刻】滤镜

【铜版雕刻】滤镜在图像中随机分布各种不规则的线条和虫孔斑点,从而产生镂刻的版画效果,图 13.85 为【铜版雕刻】滤镜的对话框,效果如图 13.86 所示。

(6)【马赛克】滤镜

【马赛克】滤镜把图像中具有相似彩色的像素统一合成更大的方块,从而产生类似马赛克般的效果,如图 13.87 所示。

图 13.85 【铜版雕刻】对话框　　图 13.86 【铜版雕刻】效果　　图 13.87 【马赛克】效果

13.2.2 杂色类滤镜

杂色类滤镜主要用来向图像中添加杂点或去除图像中的杂点,该类滤镜由中间值、减少杂色、去斑、添加杂色和蒙尘与划痕 5 个滤镜组成。要应用它们,只需选择【滤镜/杂色】菜单命令,在弹出的子菜单中选择相应的滤镜项即可,如图 13.88 所示。现以图 13.89 为例来介绍杂色类滤镜的使用。

(1)【中间值】滤镜

【中间值】滤镜通过混合图像中像素的亮度来减少图像中的杂色,效果如图 13.90 所示。

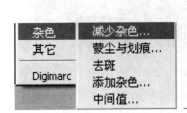

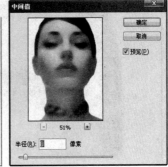

图 13.88 杂色类滤镜　　图 13.89 素材图像　　图 13.90 【中间值】效果

(2)【减少杂色】滤镜

【减少杂色】滤镜用来消除图像中的杂色,效果如图 13.91 所示。

(3)【添加杂色】滤镜

【添加杂色】滤镜用来向图像中随机地混合杂色点，并添加一些细小的颗粒状像素，效果如图 13.92 所示。

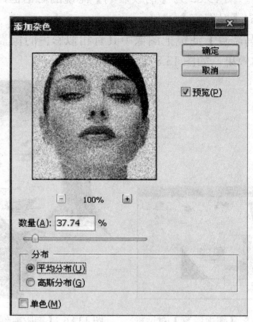

图 13.91 【减少杂色】效果　　　　图 13.92 【添加杂色】效果

（4）【去斑】滤镜

【去斑】滤镜通过对图像进行轻微的模糊、柔化，从而达到掩饰图像中细小斑点、消除轻微折痕的效果，图 13.93 和图 13.94 分别为去斑前后的对比效果。

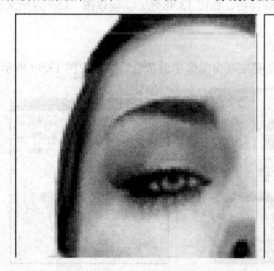

图 13.93 【去斑】前的效果　　　　图 13.94 【去斑】后的效果

（5）【蒙尘与划痕】滤镜

【蒙尘与划痕】滤镜通过将图像中有缺陷的像素融入周围的像素中，从而达到除尘和涂抹的效果，图 13.95 为【蒙尘与划痕】对话框，图 13.96 为使用滤镜后的效果。

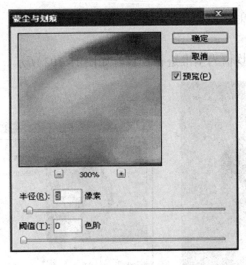
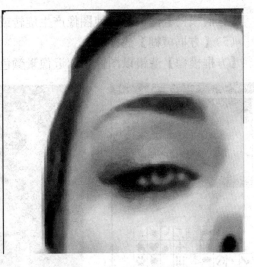

图 13.95 【蒙尘与划痕】对话框　　　　图 13.96 【蒙尘与划痕】效果

13.2.3 模糊类滤镜

模糊类滤镜通过削弱图像中相邻像素的对比度，使相邻像素间过渡平滑，从而产生边缘柔和、模糊的效果。选择【滤镜/模糊】菜单命令，在弹出的子菜单中选择相应的模糊滤镜项，如图 13.97 所示。现以图 13.98 为例来介绍模糊类滤镜的使用。

（1）【动感模糊】滤镜

【动感模糊】滤镜通过对图像中某一方向上像素进行线性位移来产生运动的模糊效果，如图 13.99 所示。

图 13.97 模糊类滤镜　　　图 13.98 素材图像　　　图 13.99 【动感模糊】效果

（2）【平均】滤镜

【平均】滤镜通过对图像中的平均颜色值进行柔化处理，从而产生模糊效果，该滤镜无参数设置对话框。

（3）【形状模糊】滤镜

【形状模糊】滤镜可以使图像按照某一形状进行模糊处理，如图 13.100 所示。

（4）【径向模糊】滤镜

【径向模糊】滤镜可以使图像产生旋转或放射状模糊效果，如图 13.101 所示。

（5）【方框模糊】滤镜

【方框模糊】滤镜以图像中邻近像素颜色平均值为基准进行模糊，如图 13.102 所示。

图 13.100　【形状模糊】效果　　图 13.101　【径向模糊】效果　　图 13.102　【方框模糊】效果

（6）【特殊模糊】滤镜和【表面模糊】滤镜

【特殊模糊】滤镜通过找出并模糊图像边缘以内的区域，从而产生一种清晰边界的模糊效果，如图 13.103 所示。【表面模糊】滤镜则模糊边缘以外的区域，如图 13.104 所示。

图 13.103　【特殊模糊】效果　　　　图 13.104　【表面模糊】效果

（7）【模糊】滤镜

【模糊】滤镜将对图像中边缘过于清晰的颜色进行模糊处理，达到模糊效果，该滤镜无参数设置对话框。

（8）【进一步模糊】滤镜

【进一步模糊】滤镜与【模糊】滤镜对图像产生模糊效果相似，但要比【模糊】滤镜效果强 3~4 倍，该滤镜无参数设置对话框。

（9）【镜头模糊】滤镜

【镜头模糊】滤镜使图像模拟摄像时镜头抖动时产生的模糊效果，如图 13.105 所示。

(10)【高斯模糊】滤镜

使用【高斯模糊】滤镜将对图像总体进行模糊处理，如图 13.106 所示。

图 13.105 【镜头模糊】效果　　　　　　图 13.106 【高斯模糊】效果

13.2.4 渲染类滤镜

渲染类滤镜主要用于模拟光线照明效果，该类提供了 5 种渲染滤镜，都位于【滤镜/渲染】菜单命令下。现以图 13.107 为例来介绍渲染类滤镜的使用。

(1)【云彩】滤镜

【云彩】滤镜通过在前景色和背景色之间随机地抽取像素并完全覆盖图像，从而产生类似柔和云彩效果，如图 13.108 所示，该滤镜无参数设置对话框。

(2)【分层云彩】滤镜

【分层云彩】滤镜产生的效果与原图像颜色有关，它不像【云彩】滤镜那样完全覆盖图像，而是在图像中添加一个分层云彩效果，如图 13.109 所示。

图 13.107 素材图像　　　　图 13.108 【云彩】效果　　　　图 13.109 【分层云彩】效果

(3)【光照效果】滤镜

【光照效果】滤镜可以对图像使用不同类型的光源进行照射，从而使图像产生类似三维照明的效果,如图 13.110 所示。

(4)【纤维】滤镜

【纤维】滤镜将前景色和背景色混合生成一种纤维效果,如图 13.111 所示。

图 13.110 【光照效果】效果

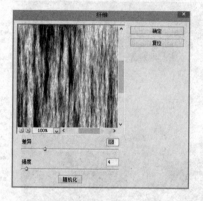
图 13.111 【纤维】效果

(5)【镜头光晕】滤镜

【镜头光晕】滤镜通过为图像添加不同类型的镜头,从而产生模拟镜头产生的眩光效果,图 13.112 是【镜头光晕】滤镜对话框,使用滤镜后的效果如图 13.113 所示。

图 13.112 【镜头光晕】滤镜对话框

图 13.113 【镜头光晕】效果

13.2.5 锐化类滤镜

锐化类滤镜主要是通过增强相邻像素间的对比度来减弱甚至消除图像的模糊,使图像轮廓分明、效果清晰。锐化类提供了 5 种滤镜,位于【滤镜/锐化】菜单命令下。

(1)【USM 锐化】滤镜

【USM 锐化】将增大相邻像素之间的对比度,以使图像边缘清晰,如图 13.114 所示。

(2)【智能锐化】滤镜

【智能锐化】滤镜通过设置锐化算法来对图像进行锐化处理,如图 13.115 所示。

(3)【锐化】滤镜

【锐化】滤镜用来增加图像像素间的对比度,使图像清晰化。该滤镜无参数设置对话框。

(4)【进一步锐化】滤镜

【进一步锐化】滤镜和【锐化】滤镜功效相似,只是锐化效果更加强烈,该滤镜无参数设置对话框。

图 13.114 【USM 锐化】效果

图 13.115 【智能锐化】效果

(5)【锐化边缘】滤镜

【锐化边缘】滤镜用来锐化图像的轮廓，使不同颜色之间的分界更加明显，该滤镜无参数设置对话框。

项目实现

小李在经典广告公司的实习指导工程师今天的任务是为某房产公司开发的楼盘制作广告，其中要用到水中倒影的制作。工程师让小李做一个水中倒影效果给他看一下，小李按以下步骤完成了今天的项目任务。

步骤一：打开素材原图，如图 13.116 所示；

图 13.116 素材图像

步骤二：调整画布大小，宽度不变，高度扩大一倍；

步骤三：选择矩形选框工具，将原图像部分选中，按 Ctrl+C 键将图像放至粘贴板中；

步骤四：按 Ctrl+V 键，将粘贴板中的图像复制到画布上；选择【编辑/变换/垂直翻转】菜单命令，将复制到画布上的图像垂直翻转；

步骤五：按 Ctrl+T 健，将旋转处理后的图像选中，进行变形处理，将其高度压缩 1/3；

步骤六：在工具箱中选择移动工具按钮，将压缩后的图像上移，使其上边缘与原图像中建筑物下边缘对齐；

步骤七：在工具箱中选择矩形选框工具，选择倒置的图像，选择【滤镜/模糊/表面模糊】菜单命令，防止倒影镜面化；

步骤八：在工具箱中选择椭圆选框工具，在倒置的图像中间选择一个椭圆型区域，选择【滤镜/扭曲/水波】菜单命令，设置合适的参数，使倒影产生水波效果；

步骤九：裁剪图像，去除多余部分，得到如图 13.117 所示的水中倒影效果图；

步骤十：保存结果图像。

图 13.117　制作完成的水中倒影效果

项目拓展

外挂滤镜不是 Photoshop CS6 自带滤镜，而是由其他厂家开发的，它不能独立运行，必须依附在 Photoshop CS6 中才能使用，像 KPT（Kai's Power Tools）Eye Candy 就是典型的【外挂滤镜】。外挂滤镜在很大程度上弥补了 Photoshop CS6 自身滤镜的部分缺陷，可以轻而易举地制作出非常漂亮的图像效果。

（1）外挂滤镜的安装

外挂滤镜多种多样，其安装的方法也大同小异，只需按照软件提供的安装说明进行即可，安装完后启动 Photoshop CS6，外挂滤镜就会显示在【滤镜】菜单中。

（2）外挂滤镜的使用

外挂滤镜的使用方法与系统自带的滤镜使用方法一样，由于其是第三方软件，所以不同的外挂滤镜具有不同的工作界面，功能自然也不一样。

项目习题

一、选择题

1．下列关于滤镜说法正确的一项是（　　）。

　　A．滤镜库中含了 Photoshop 所有的滤镜

　　B．绘图笔滤镜出现的线条颜色为前景色

　　C．云彩滤镜实际上就是图像中颜色的混合雾化效果

D．分层云彩实际上就是前景色与背景色之间的混合雾化效果
2．对于拼缀图滤镜与马赛克滤镜下列说法错误的一项是（　　）。
　　A．马赛克滤镜产生的色块是平面的
　　B．拼缀图滤镜产生的色块有立体感
　　C．马赛克滤镜产生的每一个色块中不止一个颜色
　　D．拼缀图滤镜产生的每一个色块中不止一个颜色
3．对"滤镜>其他>位移"滤镜，往往用的人不多，它与工具箱中的移动工具比较下列说法正确的一项是（　　）？
　　A．位移滤镜与移动工具的效果完全相同
　　B．使用位移滤镜将一个选区内的图像进行位移时，被位移图像的原处将出现透明区域
　　C．使用移动工具将一个选区内的图像进行位移时，被位移图像的原处将不变化
　　D．位移滤镜与使用移动工具同时在键盘中按下<Alt>键效果一样
4．下列对杂色滤镜说法正确的是（　　）？
　　A．对一个前景色与背景色均为白色的图像不能进行杂色的添加，因为添加的杂色实际是背景色
　　B．添加杂色后的图像，可以使用减少杂色将添加的杂色去除
　　C．对添加杂色后的图像，可以使用去斑将添加的杂色去除
　　D．对添加杂色后的图像，使用滤镜不可能完全恢复到添加杂色前的状态

二、操作题
1．以秋天为主题设计一枚书签；
2．以上海世博中国馆为题材，制作水中倒影。
（以上作业完成后，通过 E-mail 发送到教师指定的作业信箱中）。

项目 14 企业文字 LOGO 的设计

项目任务

小李在经典广告公司的实习指导工程师今天的任务是为某企业制作企业形象文字。工程师让小李以经典广告为素材为经典广告公司设计一个企业形象文字。小李是如何完成今天的项目任务的呢？

项目要点

- 常见文字特效制作
- 常见纹理特效制作

项目准备

14.1 常见文字特效制作

文字是平面设计不可缺少的元素，尤其在商业设计作品中起着至关重要的作用，它常常用作设计作品的点题、说明和装饰等，可以说是起到画龙点睛的作用。下面介绍几种常见特效文字的制作方法和技巧。

14.1.1 球形字

现以制作"新年快乐"球形字为例来介绍球形字的制作方法，具体操作步骤如下。

步骤一：新建一分辨率为 300×300 像素的空白文件；

步骤二：设置前景色为红色；

步骤三：将刚才新建的文件全部选中，填充前景色，如图 14.1 所示；

步骤四：设置前景色为金黄色。选择合适的字体、字号，通过使用文字工具输入"新"字，效果如图 14.2 所示；

图 14.1 新建红色背景空白文件

图 14.2 输入"新"字的效果

步骤五：选择【图层/拼合图层】菜单命令，将所有图层合并；

步骤六：选择【椭圆】工具，按住 shift 键不放，在"新"字上绘制圆形选区，选择【选择/反向】菜单命令，按 Delete 键删除选区部分图像，效果如图 14.3 所示；

步骤七：选择【选择/反向】菜单命令，再选择【滤镜/扭曲/球面化】菜单命令，打开如图 14.4 所示的对话框，单击【确定】按钮，球面效果如图 14.5 所示；

图 14.3　保留圆形区域后的效果

图 14.4　【球面化】对话框

步骤八：按 Ctrl+A 键全选整幅文字，再按 Ctrl+T 对图片进行旋转变形，效果如图 14.6 所示；

图 14.5　球面化处理后的效果

图 14.6　旋转变形后的效果

步骤九：用上述八个步骤同样的方法，分别做出球形字"年"、"快"、"乐"。新建一分辨率为 1100×300 像素的空白文件，将四个球形字分别复制上去，最终效果如图 14.7 所示；

步骤十：将所得到的球形字效果图保存。

14.1.2　变形字

现以制作"扬城"变形字为例来介绍变形字的制作方法，具体操作步骤如下：

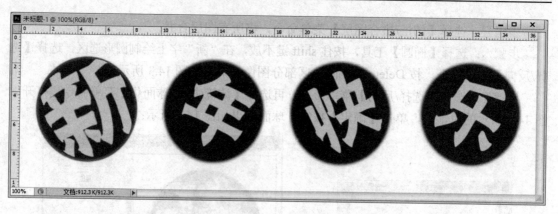

图 14.7 "新年快乐"球形字的最终效果

步骤一：新建一分辨率为 650×400 像素的空白文件；

步骤二：在工具箱中选择【横排文字蒙版工具】，在属性栏中选择字体为"迷你简启体"，字号为"150 点"，然后在空白文件中输入"扬城"二字，效果如图 14.8 所示；

步骤三：在"路径"控制面板中单击【从选区生成工作路径】按钮，得到文字路径，在工具箱中选择【直接选择工具】，单击文字路径，移动锚点实现文字的变形，图 14.9 所示为"扬"字变形的情况，图 14.10 为"城"字变形的情况；

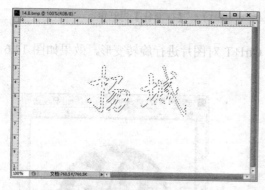

图 14.8 建立的文字选区

图 14.9 "扬"字路径变形效果

步骤四：文字路径变形调整完成后，单击【将路径作为选区载入】按钮，得到变形后的文字选区，如图 14.11 所示；

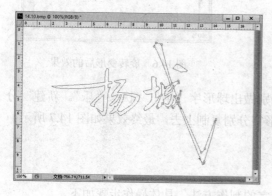

图 14.10 "城"字路径变形效果

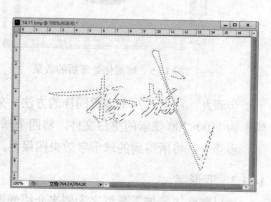

图 14.11 路径变形后转换为选区

步骤五：选择【编辑/填充】菜单命令，在【填充】对话框中选择使用颜色填充选项，在调色板上选择绿色进行填充，填充后的变形文字效果如图 14.12 所示；

步骤六：将所得到的变形文字保存。

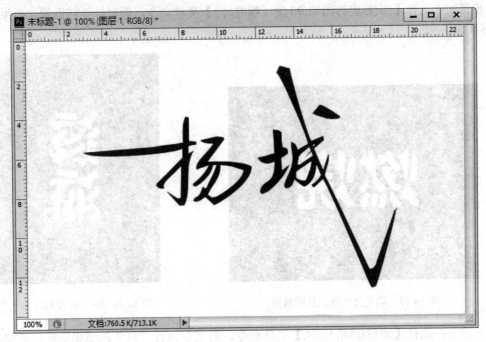

图 14.12　选区用颜色填充后的变形文字效果

14.1.3　火焰字

现以制作"燃烧"火焰字为例来介绍火焰字的制作方法，具体操作步骤如下。

步骤一：创建一个新的空白文件，参数设置如图 14.13 所示，将工具箱中的背景设置为黑色，并用背景色填充新建文件中的"背景"图层；

步骤二：在工具箱中选择【横排文字蒙版】工具，然后在属性栏中设置合适的字体及字号，在图像窗口单击鼠标后输入"燃烧"两个字，输入结束后文字以选区的形式出现，如图 14.14 所示；

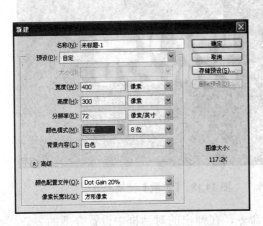

图 14.13　"新建"文件对话框

图 14.14　建立文字选区

步骤三：在选区内填充白色，效果如图 14.15 所示，在【通道】面板中单击【将选区存储为通道】按钮，将当前的选区保存为一个名为"Alpha1"的 Alpha 通道，然后按【Ctrl+D】取消选区的选择；

步骤四：选择【图像/旋转画布/90 度（顺时针）】菜单命令，顺时针旋转图像，效果如图 14.16 所示；

图 14.15　填充文字选区后的效果

图 14.16　顺时针旋转后的效果

步骤五：选择【滤镜/风格化/风】菜单命令，对文字执行"风"的滤镜操作，效果如图 14.17 所示，选择【图像/旋转画布/90 度（逆时针）】菜单命令，将图像逆时针旋转 90°；

步骤六：选择【滤镜/风格化/扩散】菜单命令，在弹出的对话框中设置合适的参数，效果如图 14.18 所示；

图 14.17　【风】滤镜的效果

图 14.18　【扩散】滤镜的效果

步骤七：选择【滤镜/模糊/高斯模糊】菜单命令，在弹出的对话框中设置合适的参数，效果如图 14.19 所示；

步骤八：选择【滤镜/扭曲/波纹】菜单命令，在弹出的对话框中设置合适的参数，效果如图 14.20 所示；

图 14.19 【高斯模糊】滤镜效果　　　　　图 14.20 【波纹】滤镜效果

步骤九：按住 Ctrl 键不放，然后单击【通道】面板中的"Alpha1"通道并将选区载入图像中；

步骤十：选择【编辑/填充】菜单项，在弹出的对话框中设置合适的参数，如图 14.21 所示，得到的效果如图 14.22 所示；

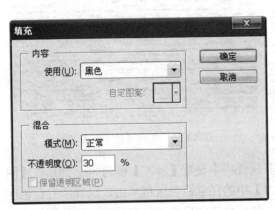 

图 14.21 【填充】对话框　　　　　图 14.22 填充后的效果

步骤十一：单击【图像/模式/索引颜色】菜单命令，将图像由灰色模式转换为索引颜色模式；

步骤十二：选择【图像/模式/颜色表】菜单命令，弹出的对话框如图 14.23 所示，选择【颜色表】为"黑体"，单击【确定】按钮，得到火焰字效果如图 14.24 所示。保存最终的效果图。

14.1.4 粉刷字

现以制作【禁止停车】粉刷字为例来介绍粉刷字的制作方法，具体操作步骤如下。

图 14.23 【颜色表】对话框

图 14.24 火焰字最终效果图

步骤一：打开墙壁素材图像，如图 14.25 所示；

步骤二：打开图层控制面板，复制【背景】图层，命名为【图层 1】；

步骤三：将【图层 1】设为当前工作图层。选择【滤镜/素描/便条纸】菜单命令，在打开的对话框中保持默认参数，单击【确定】按钮，得到如图 14.26 所示效果；

图 14.25 墙壁素材图像

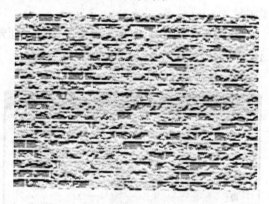

图 14.26 应用【便条纸】滤镜

步骤四：在工具箱中选择魔棒工具，在工具属性栏中设置【容差】值为 80，然后在【图层 1】中的任意白色区域单击，选择所有白色区域，然后将选区反选，并删除选区内的图像，取消选区，效果如图 14.27 所示；

步骤五：选择工具箱中的横排文字蒙版工具，设置合适的字体和字号，然后在图像中输入【禁止停车】文本，得到如图 14.28 所示的选区；

步骤六：将选区反选后删除选区内的图像，取消选区后得到如图 14.29 所示的效果。如果粉刷字效果不明显，可以通过复制几个文字图层叠加来增强显示效果。保存所设计的粉刷字。

图 14.27 删除部分图像

图 14.28 创建文字选区

图 14.29 最终粉刷字效果

14.1.5 金属字

现以制作【电气信息学院】特效金属字为例来介绍金属字的制作方法，具体操作步骤如下。

步骤一：打开素材图像，如图 14.30 所示；

步骤二：新建【图层 1】，在工具箱中选择横排文字蒙版工具，并设置合适的字体和字号，然后在图像中创建【电气信息学院】文字选区，如图 14.31 所示；

图 14.30 素材图像

图 14.31 创建文字选区

步骤三：设置前景色为金黄色，选择【编辑/填充】菜单按钮，在对话框中选择填充【前景色】，效果如图 14.32 所示；

步骤四：选择【滤镜/模糊/高斯模糊】菜单命令，在打开的对话框中设置半径为 10.0 像素，调整后图像的效果如图 14.33 所示；

图 14.32 填充颜色

图 14.33 模糊效果

步骤五：选择【滤镜/渲染/光照效果】菜单命令，在打开的对话框中设置相应的参数，调整后图像的效果如图 14.34 所示；

步骤六：为【图层 1】添加【投影】和【斜面和浮雕】图层样式，调整参数至合适的状态，最终效果如图 14.35 所示。将制作的金属字效果图保存。

图 14.34　光照效果

图 14.35　调整图层样式后的最终效果

14.2　常见纹理特效制作

纹理特效在平面作品设计中也会被经常使用，恰当的纹理不但可以增加作品的细节美，还可以在整体方面使作品增色不少。下面通过几种常见的纹理特效的制作过程来介绍纹理特效的制作方法与技巧。

14.2.1　木质纹理

现以一例来介绍【木质纹理】的制作方法和技巧，其操作步骤如下。

步骤一：创建一个新图像文档，宽度、高度和颜色模式分别为 500 像素、300 像素和 RGB；

步骤二：分别设置前景色为咖啡色，背景色为褐色，然后选择【滤镜/渲染/云彩】菜单命令，得到如图 14.36 所示的效果；

步骤三：选择【滤镜/艺术效果/粗糙蜡笔】菜单命令，在打开后的对话框中为填充后的图像添加线条纹理，光照方向为上，单击【确定】按钮；再选择【滤镜/纹理/纹理化】菜单命令，在打开的对话框中再次为填充后的图像添加线条纹理，得到如图 14.37 所示的效果；

图 14.36　应用【云彩】滤镜

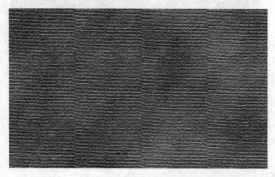

图 14.37　应用粗糙蜡笔和纹理化滤镜

步骤四：选择【滤镜/扭曲/旋转扭曲】菜单命令，在打开的对话框中设置合适的参数产生旋转扭曲木纹，得到如图 14.38 所示的效果；

步骤五：复制【背景】图层，得到【图层 1】，选择图层 1 为当前图层。在工具箱中选择横排文字蒙版工具，设置字体和字号，输入【计算机】文本，创建如图 14.39 所示的文字选区；

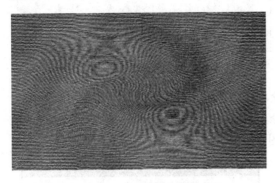

图 14.38　应用旋转扭曲滤镜

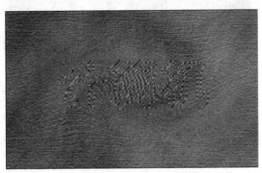

图 14.39　创建文字选区

步骤六：选择【选择/反向】菜单命令，将文字选区反选，按 Delete 键删除选区内的图像，取消选区；

步骤七：为图层 1 添加【投影】和【斜面和浮雕】图层样式，设置参数得到如图 14.40 所示的图像；

步骤八：选择【滤镜/渲染/光照效果】菜单命令，在打开的对话框中设置参数，木质纹理效果如图 14.41 所示，单击【确定】按钮并保存图像。

图 14.40　应用图层样式

图 14.41　应用光照效果滤镜

14.2.2　水质纹理

现以一例来介绍【水质纹理】的制作方法和技巧，其操作步骤如下。

步骤一：创建一个新图像文档，宽度、高度和颜色模式分别为 500 像素、300 像素和 RGB，将前景色和背景色还原成默认状态；

步骤二：选择【滤镜/渲染/云彩】菜单命令，将前景色和背景色进行混合填充，效果如图 14.42 所示；

步骤三：选择【滤镜/风格化/查找边缘】菜单命令，效果如图 14.43 所示；

图 14.42 应用云彩滤镜效果

图 14.43 应用查找边缘滤镜效果

步骤四：选择【图像/调整/反相】菜单命令，将图像反相显示，效果如图 14.44 所示；

步骤五：选择【图像/调整/色阶】菜单命令，在打开的【色阶】对话框中将参数设置成如图 14.45 所示，单击【确定】按钮，得到如图 14.46 所示的效果；

图 14.44 图像反相显示效果

图 14.45 【色阶】对话框

步骤六：再建一个新图像文档，宽度、高度和颜色模式分别为 500 像素、300 像素和 RGB；

步骤七：设置前景色为淡蓝色，选择【编辑/填充】菜单命令，用前景色填充步骤五新建的空白图像，效果如图 14.47 所示；

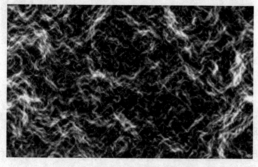
图 14.46 增加图像高色调

图 14.47 填充淡蓝色的空白图像

步骤八：在工具箱中选择【移动工具】，移动图 14.47 所示图像至刚开始建的空白图像中，得【图层 1】。在图层控制面板中将【图层 1】的混合模式设置为【滤色】，得到图 14.48 所示的水质纹理效果。

步骤九：将设计的水质纹理效果图像保存。

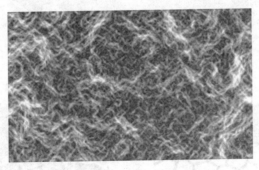

图 14.48　最终的水质纹理效果

14.2.3　皮革纹理

现以一例来介绍【皮革纹理】的制作方法和技巧，其操作步骤如下。

步骤一：打开素材图像，如图 14.49 所示，在工具箱中选择【快速选择工具】，将皮包的表面绘制成选区；

步骤二：打开图层控制面板，创建一个新的图层，取名为【图层 1】。将前景色和背景色设置为默认状态，选择【编辑/填充】菜单命令，在对话框中选择用背景色填充选区，效果如图 14.50 所示；

图 14.49　素材图像

图 14.50　填充选区

步骤三：选择【滤镜/纹理/染色玻璃】菜单命令，在打开的对话框中适当调整参数，然后单击【确定】按钮，效果如图 14.51 所示；

步骤四：选择【滤镜/风格化/浮雕】菜单命令，在打开的对话框中适当调整参数，然后单击【确定】按钮，效果如图 14.52 所示；

步骤五：取消选区，设置【图层 1】的混合模式为【叠加】，得到如图 14.53 所示的效果；

步骤六：将【图层 1】的不透明度设置为 40%，调整不透明度后的最终皮革纹理效果如图 14.54 所示。

图14.51 染色玻璃滤镜效果

图14.52 浮雕滤镜效果

图14.53 图层叠加效果

图14.54 调整不透明度后的最终效果

14.2.4 金属纹理

现以一例来介绍【金属纹理】的制作方法和技巧,其操作步骤如下。

步骤一:创建一个新图像文档,宽度、高度和颜色模式分别为 500 像素、300 像素和 RGB;

步骤二:选择横排文字工具,设置适合的字体、字号,颜色设置为灰色,然后在图像中输入【电脑】文本,如图 14.55 所示;

步骤三:为文本图层添加【投影】和【斜面和浮雕】图层样式,参数设置分别如图 14.56 和图 14.57 所示;

步骤四:新建【图层 1】,将前景色和背景色设置为默认状态,选择【滤镜/渲染/云彩】菜单命令;

步骤五:选择【滤镜/杂色/添加杂色】菜单命令,在打开的对话框中将参数设置成如图 14.58 所示;

项目 14　企业文字 LOGO 的设计　　205

图 14.55　输入文本

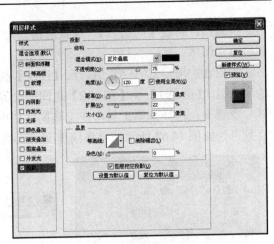

图 14.56　【投影】参数设置

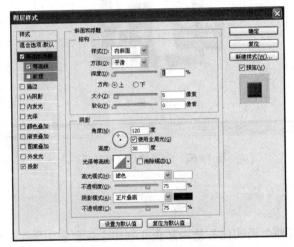

图 14.57　【斜面和浮雕】参数设置

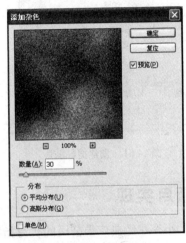

图 14.58　【添加杂色】对话框

步骤六：选择【滤镜/模糊/动感模糊】菜单命令，在打开的对话框中将参数设置成图 14.59 所示，然后单击【确定】按钮；

步骤七：选择【滤镜/锐化/USM 锐化】菜单命令，在打开的对话框中将参数设置成图 14.60 所示，然后单击【确定】按钮；

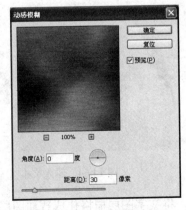

图 14.59　【动感模糊】对话框

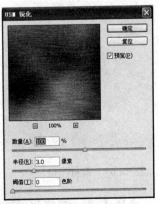

图 14.60　【USM 锐化】对话框

步骤八：新建【图层 2】，设置前景色为灰色，背景色为褐色，然后应用【渲染/云彩】滤镜填充图像；

步骤九：按住 Ctrl+Alt 键，在【图层】控制面板中分别单击【电脑】与【图层 1】之间的交界线，【图层 1】和【图层 2】之间的交界线，以创建剪贴蒙版，如图 14.61 所示；

步骤十：选择画笔工具，在工具属性栏中设置画笔模式为【清除】，然后文字上涂抹，直到得到如图 14.62 所示的金属纹理文字。将结果图像保存。

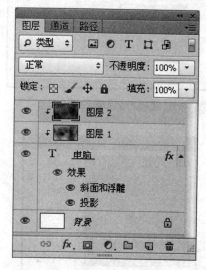

图 14.61　创建剪贴蒙版

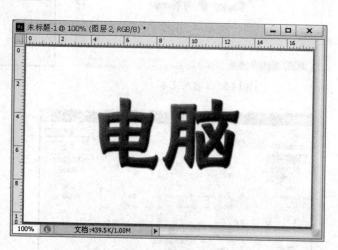

图 14.62　金属纹理文字效果

项目实现

小李在经典广告公司的实习指导工程师今天的任务是为某企业制作企业形象文字。工程师让小李以经典广告为素材为经典广告公司设计一个企业形象文字。小李按以下步骤完成了今天的项目任务。

步骤一：打开素材图像，如图 14.63 所示；

步骤二：在工具箱中选择横排文字工具，在工具属性栏中设置字体、字号和字的颜色，然后在图像中输入如图 14.64 所示的文本；

图 14.63　素材图像

图 14.64　输入文本

步骤三：选择【图层/栅格化/文字】菜单命令，将文字图层栅格化成普通图层；

步骤四：按 Ctrl+R 键，在图像窗口中显示水平和垂直标尺，然后选择【视图/显示/网格】菜单命令，如图 14.65 所示；

步骤五：在工具箱中选择矩形框工具，沿网格参考线连续绘制若干个小的矩形选区，按 Delete 键删除选区内的图像，去除参考线，效果如图 14.66 所示；

图 14.65　创建参考线

图 14.66　绘制选区并删除部分图像

步骤六：在工具箱中选择魔棒工具，选中【典】和【告】两字的上部分为选区。设置前景色为白色，选择【编辑/填充】菜单命令，用前景色填充选区，效果如图 14.67 所示；

步骤七：设置文字图层【阴影】、【内发光】和【描边】样式，效果如图 14.68 所示。将得到的【经典广告】公司的企业形象文字保存。

图 14.67　填充部分选区

图 14.68　应用图层样式后的效果图

项目拓展

现以制作"Hancheng"3D 效果文字为例来介绍立体字的制作方法，具体操作步骤如下。

步骤一：新建一个分辨率为 400×250 像素的 RGB 空白文件；

步骤二：设置前景色为黑色，将"背景"图层填充为黑色，在工具箱中选择【横排文字】工具，在属性栏中设置合适的字体、字号，文字的颜色设置为白色，在图像窗口单击鼠标后键入"Hancheng"，如图 14.69 所示；

步骤三：选择文字图层为当前图层，选择【图层/栅格化/文字】菜单命令，将文字图层转换为普通图层；

步骤四：复制文字"Hancheng"图层，得到"Hancheng 副本"图层，并将它拖移到"Hancheng"图层的下方，保持该图层为当前图层；

图 14.69 建立文字图层

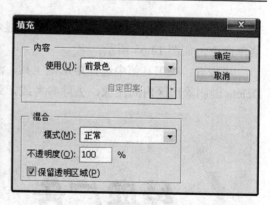
图 14.70 【填充】对话框

步骤五：选择橘黄色为当前色，然后选择【编辑/填充】菜单命令，弹出的对话框如图 14.70 所示，在【使用】下拉列表框中选择【前景色】，并选中【保留透明区域】复选框，单击【确定】按钮进行颜色填充；

步骤六：确认当前图层是"Hancheng 副本"，选择工具箱中的【移动】工具，然后按键盘上的"右移"和"下移"键各一次，效果如图 14.71 所示；

步骤七：复制"Hancheng 副本"图层得到"Hancheng 副本 2"图层，同样再选择工具箱中的【移动】工具，然后按键盘上的"右移"和"下移"键各一次；

步骤八：复制"Hancheng 副本 2"图层得到"Hancheng 副本 3"图层，再选择工具箱中的【移动】工具，然后按键盘上的"右移"和"下移"键各一次，重复操作获得"Hancheng 副本 10"，【图层】控制面板如图 14.72 所示，形成的文字立体面如图 14.73 所示；

图 14.71 复制并移动文字副本图层

图 14.72 【图层】控制面板

步骤九：选择"Hancheng"图层为当前图层，设置图层样式，格式为投影，最终可产生具有渐变立体效果的 3D 效果文字，效果如图 14.74 所示；

步骤十：最终将获得的 3D 效果文字保存。

图 14.73　形成的文字立体面

图 14.74　立体字最终效果图

项目习题

一、选择题

1. 以下沿路径添加文字说法正确的是（　　）？
   A．输入文字的长度与路径长度相同时，将不能继续输入文字
   B．输入文字的长度与路径长度相同时，还能继续输入文字，多余的文字将沿路径折回
   C．输入文字的长度与路径长度相同时，还能继续输入文字，多余的文字将隐藏，不可见
   D．输入文字的长度与路径长度相同时，还能继续输入文字，多余的文字将沿水平方向排列

2. 文字图层使用何种方法可以栅格化后执行滤镜的操作（　　）？
   A．执行"图层>栅格化>文字"命令
   B．执行"图层>栅格化>图层"命令
   C．将鼠标移动到文字图层上单击右键，在弹出的菜单中选择"栅格化图层"命令
   D．当文字图层执行滤镜时，会自动弹出警告对话框，选择"确定"按钮，文字图层栅格化并执行滤镜命令

二、操作题

为"虎都房产公司"设计一幅企业形象文字。作业完成后，通过 E-mail 发送到教师指定的作业信箱中。

项目 15　旧照片的翻新

项目任务

小李在经典广告公司的实习指导工程师今天的任务是为某同学会设计一本纪念册。工程师让小李帮忙将其中一张发黄并撕破的照片翻新。小李是如何完成旧照片翻新这一项目任务的呢？

项目要点

- 照片处理高级技巧
- 图像处理高级技巧

项目准备

15.1　照片处理高级技巧

随着人们物质文化和生活水平的提高，数码相机已成为人们外出旅游不可缺少的随身物品，由于摄影者的技术和周围环境的影响，拍摄的照片总会存在一些问题，因此需要对照片进行修饰处理，以获得令人满意的效果。

15.1.1　平衡图像

摄影师通过对照片进行某些细小的修整或裁剪才能创作出平衡而具有活力的作品，巧妙的裁剪可以在作品中创建出完全不同的布局，通过 Photoshop 提供的裁剪工具就可以轻松实现，其操作步骤如下。

步骤一：打开素材图像，如图 15.1 所示；

步骤二：在工具箱中选择【裁剪工具】，创建鸟巢所在的区域为裁剪区域，如图 15.2 所示，应用裁剪后得到如图 15.3 所示的平衡照片。

图 15.1　素材图像

图 15.2　创建裁剪区域

图 15.3　裁剪后的平衡图像

15.1.2 创建黑白照片

尽管数码照片吸引人的地方之一是其色彩效果，但有时作品中的色彩会转移人们的视线，反而使得照片的主题不够明确。把彩色照片转换成黑白照片可使作品在展现形状和纹理时显示光影之间的关系，能够表达宁静的意境，具有强大的表现力。其操作步骤如下。

步骤一：打开素材图像，如图 15.4 所示；

步骤二：选择【图像/模式/灰度】菜单命令，在打开的提示对话框中单击【扔掉】按钮，从而将图像转换成灰度模式图像，如图 15.5 所示；

图 15.4 素材图像　　　　　　　　　　图 15.5 改变图像模式

步骤三：选择【图像/调整/亮度/对比度】菜单命令，在打开的对话框中增加亮度和对比度，如图 15.6 所示。单击【确定】按钮，最终效果如图 15.7 所示。

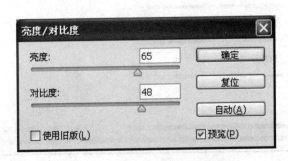 

图 15.6 【亮度/对比度】对话框　　　　图 15.7 最终效果图

15.1.3 创建单色照片

把图像转换成黑白图像后,用户可以选择性地向图像添加单种颜色,以创建出柔和的彩色色调,减少黑白图像给人的生硬感觉,其操作步骤如下。

步骤一:打开素材图像,如图 15.8 所示;

步骤二:选择【图像/模式/RGB 颜色】菜单命令,将图像从灰度模式转换成 RGB 模式;

步骤三:选择【图像/调整/色相/饱和度】菜单命令,在打开的【色相/饱和度】对话框中选中【着色】复选框,然后拖动【色相】滑块,从色谱中选择一种颜色,如图 15.9 所示;

图 15.8 灰度素材照片

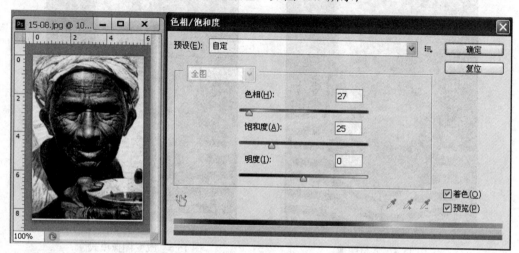

图 15.9 选择一种颜色

步骤四:确定颜色后,拖动【饱和度】滑块来控制颜色的强度,如图 15.10 所示,单击【确定】按钮,即可得到单色照片最终效果。

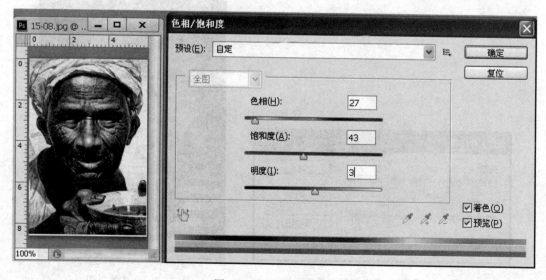

图 15.10 控制颜色强度

15.1.4 黑白照片上色

对于黑白照片，可以通过手工的方式将其改变成赏心悦目的彩色照片，现以一例来介绍其基本的方法与技术，操作步骤如下。

步骤一：打开素材文件，如图 15.11 所示，复制背景图层取名为【图层 1】；

步骤二：将【图层 1】设为当前工作图层，在工具箱中选择【套索工具】建立面部选区；

步骤三：选择【图像/调整/色相/饱和度】菜单命令，在打开的对话框中，选中【着色】复选框，调节【色相】、【饱和度】和【明度】参数，效果如图 15.12 所示；

图 15.11 素材图像

图 15.12 【调整/色相/饱和度】后的效果

步骤四：选择【图像/调整/色彩平衡】菜单命令，在打开的对话框中，调节三组效果滑块，效果如图 15.13 所示，如果执行一次【色彩平衡】命令效果不佳，可以再次执行【色彩平衡】命令，从而进一步修饰颜色；

步骤五：在工具箱中选中橡皮擦工具，设置适合的画笔主直径，擦除眼睛部位的色彩，效果如图 15.14 所示；

图 15.13 【调整/色彩平衡】后的效果

图 15.14 眼部修饰后的效果

步骤六：选择工具箱中的套索工具，建立唇部选区如图 15.15 所示。按步骤三和步骤四的方法，给人物唇部上色，最终效果如图 15.16 所示。这样给黑白照片上色的任务就基本完成了，将最终效果图像保存。

图 15.15　建立唇部选区

图 15.16　唇部上色后的最终效果

15.1.5　清晰照片

在摄影过程中，难免由于相机的抖动或其他方面的原因造成照片的模糊，需要对它进行锐化处理并增加细节，从而提高清晰度。现以一例进行介绍，具体的操作步骤如下。

步骤一：打开素材图像，如图 15.17 所示。观察发现该照片有明显的模糊感；

步骤二：选择【图像/模式/Lab 模式】菜单命令，从而将图像转换成 Lab 颜色模式图像；

步骤三：在【通道】控制面板中选择【明度】通道，如图 15.18 所示；

图 15.17　素材图像

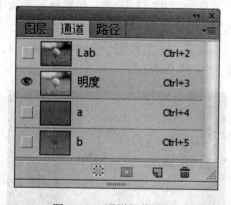

图 15.18　通道操作面板

步骤四：选择【滤镜/锐化/USM 锐化】菜单命令，在打开的对话框中将参数设置成如图 15.19 所示，然后单击【确定】按钮；

步骤五：将图像模式转换成 RGB 模式，清晰照片如图 15.20 所示，保存照片。

15.1.6　去除照片多余景物

照片常被多余的图片元素所破坏，这些元素是场景中的对象，无法通过重新定位相机来消除，所以后期处理过程中需要将这些多余的东西去除，其操作步骤如下。

步骤一：打开素材图像，如图 15.21 所示，观察发现图片右上角部分是多余的；

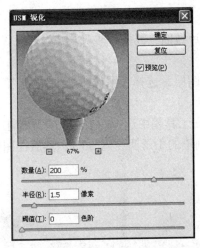

图 15.19 【USM 锐化】对话框

图 15.20 锐化后的照片

图 15.21 素材图像

步骤二：在工具箱中选择仿制图章工具，在工具属性栏中设置画笔的直径为 30px；

步骤三：按住 Alt 键的同时在多余景物的左侧取样，释放 Alt 键后，拖动鼠标在多余景物处涂抹，用取样处的景物来覆盖涂抹处，如图 15.22 所示；

步骤四：继续在左侧取样，重复步骤三操作，直至多余景物全部去除为止；

步骤五：去除多余景物后的图像效果如图 15.23 所示，保存最终图像。

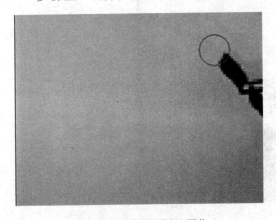

图 15.22 复制取样处图像

图 15.23 去除多余景物后的最终效果

15.1.7 制作老照片

由于设计的需要,有时需要将新的或近期拍摄的照片做旧。其操作步骤如下。

步骤一:打开素材图像,如图 15.24 所示;

步骤二:复制背景图层,将背景图层设为当前工作图层。选择【图像/调整/去色】菜单命令,以去除背景图层中的彩色信息;

步骤三:将【背景副本】图层设为当前工作图层,在工具箱中选择橡皮擦工具,在工具属性栏中选择一种"柔角 65 像素"画笔样式,并设置画笔的不透明度为 35%,然后在图像上自左向右擦除部分图像,效果如图 15.25 所示;

图 15.24　素材图像　　　　　　　　　图 15.25　部分图像被擦除后的效果

步骤四:选择【滤镜/杂色/添加杂色】菜单命令,在打开的对话框中选中【单色】,其他参数设置如图 15.26 所示;

步骤五:单击【确定】按钮,得到如图 15.27 所示的照片做旧最终效果图,保存最终效果图像。

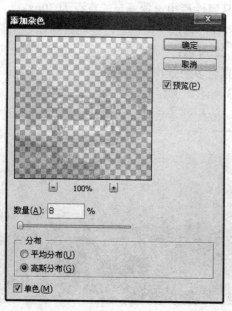 

图 15.26　【添加杂色】对话框　　　　　图 15.27　做旧的最终效果

15.1.8 模仿特效镜头照片

现在的数码相机都可配置一些特效镜头,通过这些镜头可以拍出各种各样具有特效的照片。这些特效也可通过后期处理得到,具体的操作步骤如下。

步骤一:打开素材图像如图 15.28 所示;

步骤二:在工具箱中选择椭圆工具绘制一个羽化半径为 50px 的圆形选区,如图 15.29 所示;

图 15.28　素材图像

图 15.29　绘制选区

步骤三:执行【选择/反选】菜单命令,选择【滤镜/模糊/径向模糊】菜单命令,在打开的对话框中选中【旋转】单选按钮,其他参数设置如图 15.30 所示;

步骤四:单击【确定】按钮应用【径向模糊】滤镜,取消选区,最终效果如图 15.31 所示,保存最终效果图像。

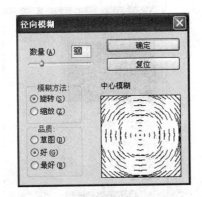

图 15.30　【径向模糊】对话框

图 15.31　最终效果

15.1.9 照片曝光处理

曝光不足或过度是指在拍摄时由于光线不足或过强，而使拍摄后的照片产生过暗或过亮的现象。通过图层的简单混合就可以消除曝光存在的缺陷，其操作步骤如下。

步骤一：打开曝光不足的素材图像，如图 15.32 所示；

步骤二：复制背景图层，新图层系统默认为【背景副本图层】。在控制面板中将背景副本图层的混合模式设置为【滤色】，不透明度设置为 80%，这样纠正了照片的曝光不足，如图 15.33 所示；

步骤三：如果要处理的照片是曝光过度，那么只需将背景副本图层的混合模式设置为【正片叠底】，再根据实际情况调整一个合适的不透明度即可。

图 15.32　曝光不足的素材图像

图 15.33　纠正后的图像效果

15.2　图像处理高级技巧

在平面制作过程中，为了提高工作效率，制作者除了要熟练掌握 Photoshop 中不同的知识点外，还必须掌握一些图像处理的技巧，下面将介绍一些较为实用的图像处理技巧。

15.2.1　制作素描画

素描是指使用铅笔或炭笔快速绘制图像，用户可以将一幅图像快速处理成素描图像，其操作步骤如下。

步骤一：打开素材图像，如图 15.34 所示；

步骤二：选择【滤镜/模糊/特殊模糊】菜单命令，在打开的对话框中将参数设置成如图 15.35 所示，单击【确定】按钮，得到如图 15.36 所示的图像；

图 15.34　素材图像

图 15.35　【特殊模糊】对话框

步骤三：选择【图像/调整/反相】菜单命令，最终的素描画效果如图 15.37 所示。

图 15.36　模糊后的效果

图 15.37　最终效果

15.2.2　亮度锐化技术

亮度锐化技术是一种很受专业人员欢迎的技术，其优点在于它的锐化效果是针对图像明度关系而非图像颜色关系，其操作步骤如下。

步骤一：打开素材图像，如图 15.38 所示；

步骤二：选择【滤镜/锐化/USM 锐化】菜单命令，在打开的对话框中将参数设置成如图 15.39 所示，然后单击【确定】按钮；

图 15.38　素材图像

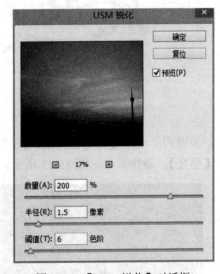

图 15.39　【USM 锐化】对话框

步骤三：选择【编辑/渐隐】菜单命令，在打开的对话框中将参数设置成如图 15.40 所示，单击【确定】按钮，通过图像的锐化操作增加了图像的亮度，如图 15.41 所示，将修饰后的图像保存。

15.2.3　边界锐化技术

在平面处理过程中，经常需要将一些图像中的细节进行强化显示。用户无须使用锐化滤镜，而采用一种轮廓边界技术就可以快速实现锐化，其操作步骤如下。

步骤一：打开素材图像，如图 15.42 所示；

图15.40 【渐隐】对话框

图15.41 锐化亮度后的效果

步骤二：打开图层控制面板，复制背景图层，得到【图层1】；

步骤三：选择【滤镜/风格化/浮雕效果】菜单命令，在打开的对话框中将参数设置成如图15.43所示；

图15.42 素材图像

图15.43 【浮雕效果】对话框

步骤四：单击【确定】按钮，【图层1】的效果如图15.44所示，然后将其混合模式设置为【强光】，最终效果如图15.45所示，保存修饰后的图像。

图15.44 浮雕效果

图15.45 边界锐化后的最终效果

15.2.4 拼贴和镜像

通过对图像进行拼贴和镜像，可以简单地通过对一个图层中的图像进行多次组合，以制作出对称而优美的图像效果,现以一例加以介绍,其操作步骤如下。

步骤一:打开大小为 480×300 像素的素材图像,如图 15.46 所示;

步骤二:按 Ctrl+A 键全部选择图像,按 Ctrl+C 键复制选区内的图像;

步骤三:选择【图像/画布大小】菜单命令,在打开的对话框中将参数设置成如图 15.47 所示;

图 15.46　素材图像　　　　　　　　　图 15.47　【画布大小】对话框

步骤四:单击【确定】按钮,扩大后的画布如图 15.48 所示;

步骤五:按 Ctrl+V 键,以复制生成【图层 1】,选择【编辑/变换/水平翻转】菜单命令,以将复制的图像水平翻转,然后将其往右移动,如图 15.49 所示;

图 15.48　扩展画布　　　　　　　　　图 15.49　镜像并拼贴

步骤六:按 Ctrl+V 键,以复制生成【图层 2】,并将该图层垂直翻转后移动到如图 15.50 所示处;

步骤七:复制【图层 2】,将复制的图层水平翻转后调整到如图 15.51 所示;

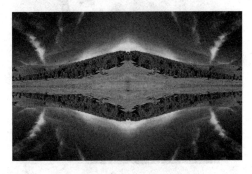

图 15.50　复制并拼贴　　　　　　　　图 15.51　最终效果

步骤八：保存最终得到的图像。

15.2.5 制作古典画

使用 Photoshop 提供的【水彩】和【纹理化】滤镜，可以将图像处理成极具传统味道的古典画效果，其操作步骤如下。

步骤一：打开素材图像，如图 15.52 所示；

步骤二：打开【图层】控制面板，复制背景图层，得到【图层 1】；

步骤三：选择【滤镜库/艺术效果/水彩】菜单命令，在打开的对话框中设置【画笔细节】为 12，其他参数保持默认设置，单击【确定】按钮，得到如图 15.53 所示的效果；

图 15.52　素材图像

图 15.53　应用【水彩】滤镜

步骤四：设置【图层 1】的混合模式为叠加，不透明度 60%，效果如图 15.54 所示；

步骤五：选择【滤镜/纹理/纹理化】菜单命令，在打开的对话框中保持参数不变，单击【确定】按钮，效果如图 15.55 所示，保存最终效果图像。

图 15.54　图层混合效果

图 15.55　最终效果

项目实现

小李在经典广告公司的实习指导工程师今天的任务是为某同学会设计一本纪念册。工程师让小李帮忙将其中一张已经发黄褪色，相纸已皲裂的旧照片翻新。小李按以下步骤完成了翻新任务：

步骤一：打开素材图像，如图 15.56 所示，复制背景图层，得到【图层 1】；

步骤二：选择【图像/调整/去色】菜单命令，效果如图 15.57 所示；

图 15.56　旧照片素材文件　　　　　　图 15.57　去色后的效果

步骤三：在工具箱中选择【修补工具】，将照片中的裂纹去除，效果如图 15.58 所示；

步骤四：复制背景图层并取名为"图层 2"，将图层 2 设为当前工作图层。选择【滤镜/杂色/蒙尘与划痕】菜单命令，对话框及设置参数如图 15.59 所示，设置图层混合方式为"叠加"，效果如图 15.60 所示；

图 15.58　使用修补工具修补后的效果　　　图 15.59　【蒙尘与划痕】对话框

步骤五：调整当前图层的色阶，对话框及参数设置如图 15.61 所示，得到图 15.62 的效果；

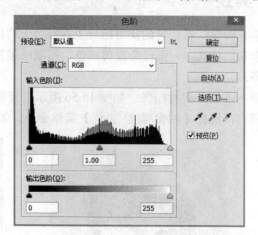

图 15.60　使用滤镜后的效果　　　　　　图 15.61　【色阶】对话框

步骤六：选择【滤镜/模糊/表面模糊】菜单命令，对话框及设置参数如图 15.63 所示。从而得到最终的效果图，如图 15.64 所示。将效果图保存。

图 15.62　色阶调整后的效果　　　　图 15.63　【表面模糊】对话框　　　　图 15.64　最终效果图

项目拓展

随着地理信息系统的应用越来越广泛，全景照片的使用也越来越多。以前要拍摄全景照片意味着需要一台具有全景功能的照相机，那样相机的投资是较为可观的。现在只需要通过照片拼接就能创建全景照片，其操作步骤如下。

步骤一：打开素材图像，如图 15.65、图 15.66 和图 15.67 所示；

图 15.65　素材图像一　　　　　图 15.66　素材图像二　　　　　图 15.67　素材图像三

步骤二：选择【文件/自动/Photomerge】菜单命令，打开如图 15.68 所示的对话框；

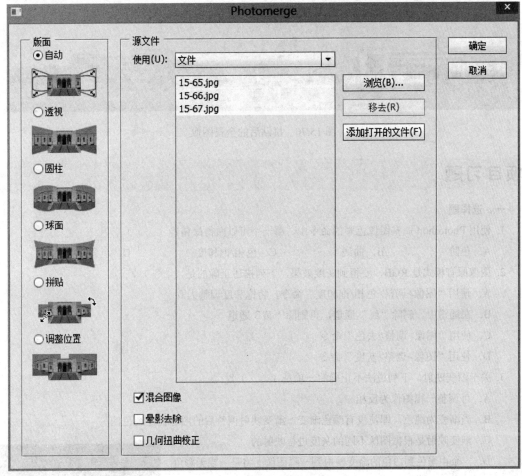

图 15.68 【Photomerge】对话框

步骤三：单击【确定】按钮，则 Photoshop 将自动运算拼接，得到如图 15.69 所示的拼接图；

图 15.69 Photoshop 得到的拼接图

步骤四：选择工具箱中的裁剪工具对拼接图进行裁剪，得到全景图像如图 15.70 所示，保存全景图。

图 15.70　拼贴后的全景图像

项目习题

一、选择题

1. 使用 Photoshop 调整图像色彩的命令中，哪一个可以做得最精确（　　）？
   A. 色阶　　　　　B. 曲线　　　　　C. 色相/饱和度　　　　　D. 色彩平衡
2. 图像原有模式是 RGB，要得到灰度效果，下列描述正确的是（　　）？
   A. 使用"图像>调整>色相/饱和度"命令，将饱和度调整为 0
   B. 在通道中，删除"红"通道，再删除"黄"通道
   C. 使用"图像>调整>去色"命令
   D. 使用"图像>调整>灰度"命令
3. 关于渐变映射，下列说法不正确的一项是（　　）？
   A. 可调整一幅图像为反相
   B. 当渐变为纯色，即使没有颜色渐变，渐变映射调整后的图像仍是纯色的
   C. 渐变映射是根据图像不同的灰度进行映射的
   D. 一个由黑色到白色的渐变映射到一幅图像上将是一幅无彩色图像
4. 将一辆红色的汽车调整为蓝色的汽车效果，应使用下列哪个色彩调整命令（　　）？
   A. 色相/饱和度
   B. 替换颜色
   C. 可选颜色
   D. 通道混合器

二、操作题

请将右图黑白照片上色，素材文件可到课程网站（网址见附录）中下载。结果请通过 E-mail 发送到教师指定的作业信箱中。

项目 16 多素材的高效处理

项目任务

小李在经典广告公司的实习指导工程师今天继续为某同学会设计联欢纪念册,其中有上百张照片需要扫描处理,工程师将此任务交给了小李并要求在半天内完成。按常规是扫描一张、处理一张,半天时间是很难完成的。但是小李却顺利而且轻松地完成了今天的项目任务,她是如何完成的呢?

项目要点

- 动作控制面板
- 动作的录制与执行
- 自动批处理图像

项目准备

16.1 动作的应用

动作是 Photoshop CS6 中的一大特色功能,通过它可以对不同的图像快速进行相同的图像处理,可大大简化重复性工作的重复度。

16.1.1 认识动作

通俗而言,动作就是将不同的操作、命令及命令参数记录下来,以一个可执行文件的形式存在,以供在对图像执行相同操作时使用。

在处理图像的过程中,用户的每一步操作都可以看成是一个动作,如果将多个操作放在一起,就构成了动作组。

16.1.2 【动作】控制面板

与动作相关的所有操作都被集成到【动作】控制面板中,例如动作的创建、存储、载入和执行等,因此要掌握并熟练运用动作,首先必须熟悉【动作】控制面板,如图 16.1 所示。

- ◆ 动作组:用于存储或归类为动作组合,单击【动作】控制面板底部的 按钮可创建一个新的动作组,并且在创建过程中系统会提示为新创建的动作组命名。

图 16.1 【动作】控制面板

- ◆ 【暂停动作】框:若该框中有一个红色的 标记,表示该动作中只有部分步骤设置了暂停；若该框中有一个黑色的 标记，表示每个步骤在执行过程中都会暂停。

◆ 动作名称：显示动作的名称，可单击面板底部的 按钮创建一个新动作，并且在创建过程中系统会提示为新创建的动作命名。

◆ 动作控制按钮：用于动作的各种控制，在面板底部从左往右各个按钮的功能依次是停止播放 、开始录制动作 、播放选定动作 、创建动作组 、创建动作 和删除 。

◆ 【切换动作】框：该框用来控制动作是否可播放，若该框是空白的，则表示该动作或动作序列是不能播放的；若该框内有一个红色的 标记，则表示该动作中有部分动作不能播放；若该框中有一个黑色的 标记，则表示该动作组中的所有动作都是可以播放的。

16.1.3 执行动作

【动作】控制面板用来存储和编辑动作，要将动作包含的图像处理操作应用在图像上，也必须通过该面板来完成。现以为一幅风景照添加四分颜色效果为例来介绍动作的执行，具体操作步骤如下。

步骤一：打开素材图像，如图 16.2 所示；

步骤二：打开【动作】控制面板，如图 16.3 所示；

图 16.2 素材图像

图 16.3 【动作】控制面板

步骤三：单击【默认动作】工作组前面的 按钮，以展开动作组，选择【四分颜色】动作，如图 16.4 所示；

步骤四：单击【动作】控制面板底部的【播放选定动作】按钮 ，这时系统会自动执行当前动作，并将动作中的操作应用到图像中，如图 16.5 所示。

图 16.4 选择【四分颜色】动作

图 16.5 执行动作后的效果

16.1.4 录制新动作

虽然 Photoshop CS6 中自带了大量动作，但在具体的工作中却很少用到它们，这时就需要用户录制新的动作，以满足图像处理的需要。上例中使用的【雪景】动作就是自己录制的动作，现以【雪景】动作为例来介绍录制新动作的方法，其操作步骤如下。

步骤一：打开素材图像，如图 16.6 所示；

步骤二：单击【动作】控制面板底部的【创建新组】按钮，在打开的【新建组】对话框【名称】文本框中输入【zhb 的工作组】文本，单击【确定】按钮，新建组如图 16.7 所示；

图 16.6　素材图像

图 16.7　新建的动作组

步骤三：单击【动作】控制面板底部的【创建新动作】按钮，在打开的【新建动作】对话框的【名称】文本框中输入【雪景】文本，如图 16.8 所示；

步骤四：单击【记录】按钮，退出对话框，此时接下来的任何操作都将被记录到新建的动作中，其标志是【开始记录】按钮呈红色显示。以下的步骤为雪景的制作，全部被记录到【雪景】动作中；

步骤五：创建新的空白图层，取名为【图层 1】，设置前景色和背景色为系统默认，用前景色填充空白图层。【图层】控制面板如图 16.9 所示；

图 16.8　【新建动作】对话框

图 16.9　【图层】控制面板

步骤六：添加杂色，执行【滤镜/杂色/添加杂色】菜单命令，在弹出的对话框中设置如

图 16.10 所示的参数，设置完后单击【确定】按钮；

步骤七：高斯模糊图像，执行【滤镜/模糊/高斯模糊】菜单命令，在弹出的对话框中设置如图 16.11 所示的参数，设置完后单击【确定】按钮；

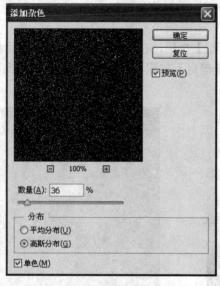

图 16.10 【添加杂色】对话框

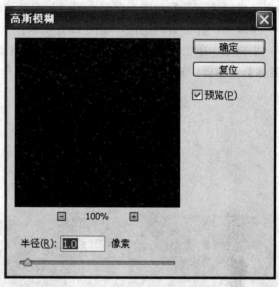

图 16.11 【高斯模糊】对话框

步骤八：调整阈值，执行【图像/调整/阈值】菜单命令，在弹出的对话框中设置如图 16.12 所示的参数，设置完后单击【确定】按钮；

步骤九：再次模糊图像，执行【滤镜/模糊/动感模糊】菜单命令，在弹出的对话框中设置如图 16.13 所示的参数，设置完后单击【确定】按钮；

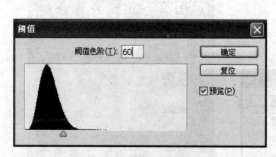

图 16.12 【阈值】对话框

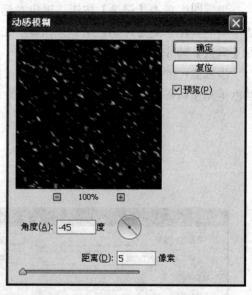

图 16.13 【动感模糊】对话框

步骤十：更改图层混合模式，设置图层的混合模式为【滤色】模式，【图层】面板如图 16.14 所示，最终效果如图 16.15 所示；

步骤十一：到【动作】控制面板底部单击停止按钮，新动作录制结束。

图 16.14　设置图层混合模式　　　　　图 16.15　最终雪景效果

16.2　自动批处理图像

Photoshop CS6 提供了一些自动批处理图像的功能，通过这些功能用户可以轻松地完成对多个图像成批处理。

16.2.1　批处理图像

通过前面的介绍可知，使用【动作】控制面板一次只能对一个图像执行动作，如果想对一个文件夹下的所有图像同时应用其动作，可通过【批处理】命令来快速实现。现以一例加以介绍，其操作步骤如下。

步骤一：选择【文件/自动/批处理】菜单命令，在打开的对话框中设置要执行的动作为【画框】内的【木质画框】动作，如图 16.16 所示；

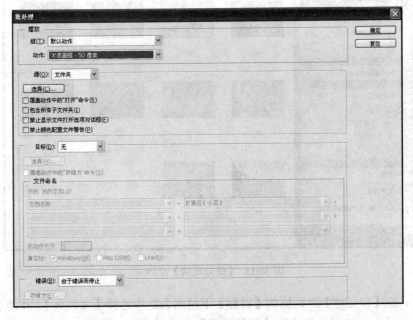

图 16.16　选择要执行的动作

步骤二：单击【选择】按钮，在打开的【浏览文件夹】对话框中将【批处理前】文件夹作为当前要处理的文件夹，如图 16.17 所示，【批处理前】文件夹中包含了 10 个图像文件，如图 16.18 所示；

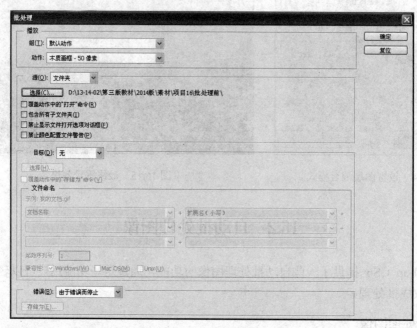

图 16.17　选择要处理的文件夹

图 16.18　【批处理前】文件夹

步骤三：在【批处理】对话框的【目标】下拉列表框中选择【文件夹】，并通过单击【选择】按钮指定处理后的图像存放在【批处理后】空文件夹下，如图 16.19 所示；

图 16.19 选择要存储的文件夹

步骤四：按照文件浏览器批量重命名的方法，在【文件命令】栏下设置起始文件名为【france01】，如图 16.20 所示；

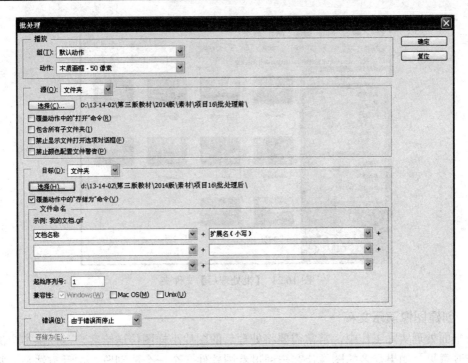

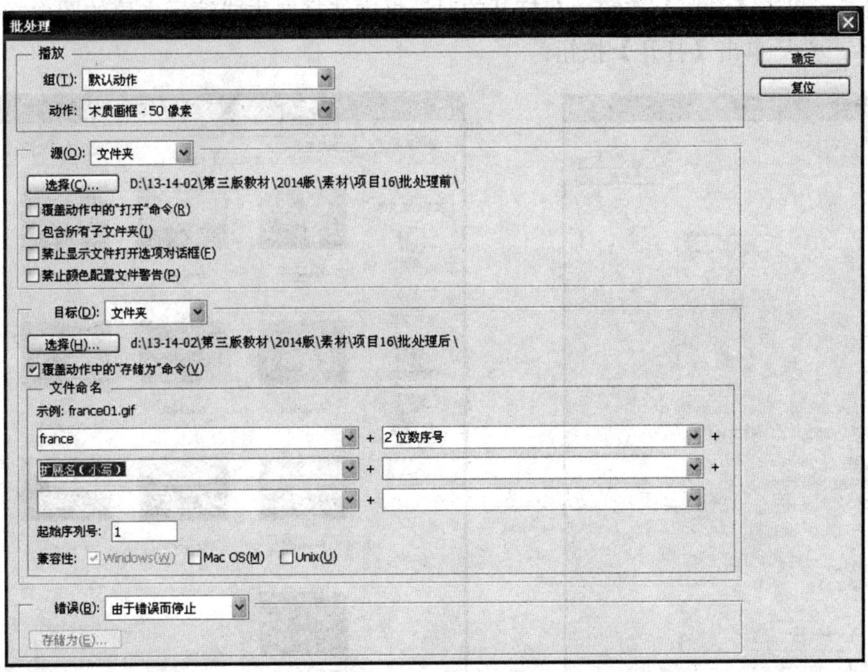

图 16.20 设置存储文件名

步骤五：单击【确定】按钮，系统自动对【批处理前】文件夹下的每一个文件加上木质边框，并【批处理后】的文件存储到目标文件夹下，如图 16.21 所示。

图 16.21 【批处理后】文件夹

16.2.2 创建图像演示文稿

在平面处理实际工作中，常常需要将处理后的图片小样图传送给客户，以供客户浏览并提出修改意见，如果众多的图像让客户通过看图软件一个一个地浏览，这种方法是非常不可取的。通过 Photoshop CS6 创建演示文稿来完成多图像的同时浏览，其操作步骤如下。

步骤一：选择【文件/自动/PDF 演示文稿】菜单命令，打开【PDF 演示文稿】对话框，如图 16.22 所示；

步骤二：单击【浏览】按钮，在打开的对话框中选择要生成演示文稿的图像文件，如图 16.23 所示，然后单击【打开】按钮；

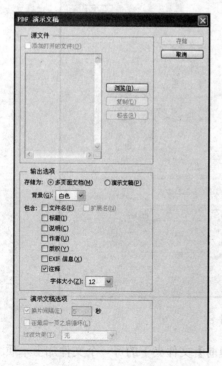

图 16.22 【PDF 演示文稿】对话框

图 16.23 选择图像文件

步骤三：设置生成的文稿类型为演示文稿、换片间隔为1s，循环方式为循环，图片出现的过渡方式为随机过渡，如图 16.24 所示；

步骤四：单击【存储】按钮，并在打开的对话框中指定一个存储文件名；

步骤五：单击【保存】按钮，系统会出现【存储 Adobe PDF】对话框，如图 16.25 所示，选择相应选项并点击"存储 PDF"按钮后系统自动创建并生成演示文稿文件。双击演示文稿图标，系统此时就会自动演示图像。

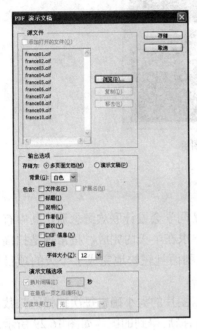

图 16.24　设置图片演示方式　　　　图 16.25　【存储 Adobe PDF】对话框

16.2.3　裁切并修正照片

在同时扫描多幅照片后，需要将每幅照片分割出来并进行修正，通过 Photoshop CS6 提供的【裁切并修正照片】命令可快速完成这一复杂工作，其操作步骤如下。

步骤一：打开素材图像，如图 16.26 所示；

步骤二：在工具箱中选择多边形套索工具，选中每一个图像并使用移动工具使彼此分离开，如图 16.27 所示；

图 16.26　打开素材图像　　　　　　图 16.27　调整局部图像位置

步骤三：选择【文件/自动/裁切并修齐照片】菜单命令，系统自动将原图中的 4 幅图像单独分离出来，如图 16.28 所示。

图 16.28　裁切并分离后的图像

项目实现

小李在经典广告公司的实习指导工程师今天继续为某同学会设计联欢纪念册，其中有上百张照片需要扫描处理，工程师将此任务交给了小李并要求在半天内完成。按常规是扫描一张、处理一张，半天时间是很难完成的。但是小李却顺利而且轻松地完成了今天的项目任务，她操作的步骤如下。

步骤一：使用扫描仪将图像转换成数字化文件，根据图片的大小确定每次扫描的张数。在扫描仪上排放照片是注意彼此之间要有一定的间隔，扫描后得到的图片如图 16.29 所示；

图 16.29　扫描后的部分图片

步骤二：选择【文件/自动/裁切并修齐照片】菜单命令，将每张照片裁剪成单张图片，如图 16.30 所示；

步骤三：选择【文件/自动/批处理】菜单命令，在打开的对话框中设置要执行的动作为【画框】内的【投影画框】动作，处理后图片效果如图 16.31 所示；

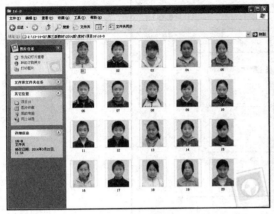
图 16.30　裁剪成单张图片

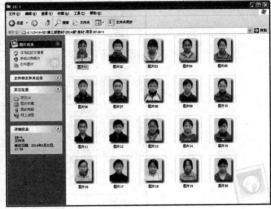
图 16.31　自动批处理后的照片效果

步骤四：选择【文件/自动/PDF 演示文稿】菜单命令，生成图片演示文稿，供指导工程师查看、修改，如图 16.32 所示。

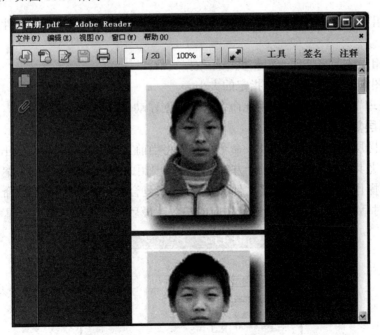
图 16.32　打开的 PDF 演示文稿

项目拓展

一、图像处理器

选择【文件/脚本/图像处理器】菜单命令，弹出如图 16.33 所示的对话框。此命令能够转换和处理多个文件,从而完成以下操作。

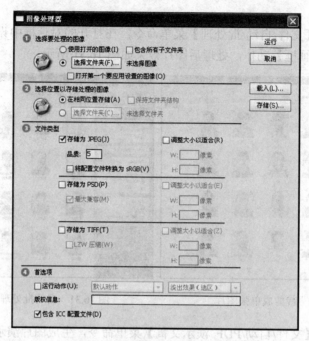

图 16.33 【图像处理器】对话框

1. 将一组文件的格式转换为 JPEG、PSD 或 TIFF 格式之一,或者将文件同时转换为以上 3 种格式;
2. 使用相同选项来处理一组相机原始数据文件;
3. 调整图像大小,使其适应指定的大小。

与"批处理"命令不同,使用此命令不必先创建动作。

二、将图层复合导出到 PDF

使用"将图层复合导出到 PDF"命令,可以将当前文件中的图层复合导出为 PDF 文件,以便于浏览,尤其在制作了多个设计方案时,常需要用此方法,将不同的方案导出后展示给客户审阅。其操作步骤为:选择【文件/脚本/将图层复合导出到 PDF】菜单命令,弹出如图 16.34 所示的对话框,再根据需要选择相应的参数,最后单击【运行】按钮即可。

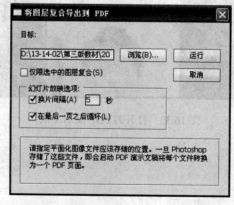

图 16.34 【将图层复合导出到 PDF】对话框

三、将图层复合导出到文件

使用"将图层复合导出到文件"命令,可以将当前文件中的每一个图层复合导出为一个文件。选择【文件/脚本/将图层复合导出到文件】菜单命令,弹出如图 16.35 所示的对话框,再根据需要选择相应的参数,最后单击【运行】按钮即可。

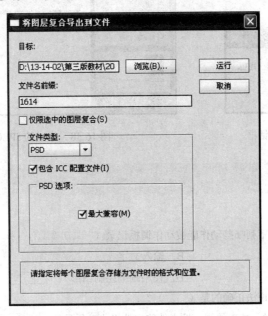

图 16.35 【将图层复合导出到文件】对话框

四、将图层导出到文件

使用"将图层导出到文件"命令,可以将当前文件中的每一个图层复合后导出为一个单独的文件。选择【文件/脚本/将图层导出到文件】菜单命令,弹出如图 16.36 所示的对话框,设置对话框中的相应参数,单击【运行】按钮,显示提示对话框如图 16.37 所示,最后得到生成的 JPG 文件,如图 16.38 所示。

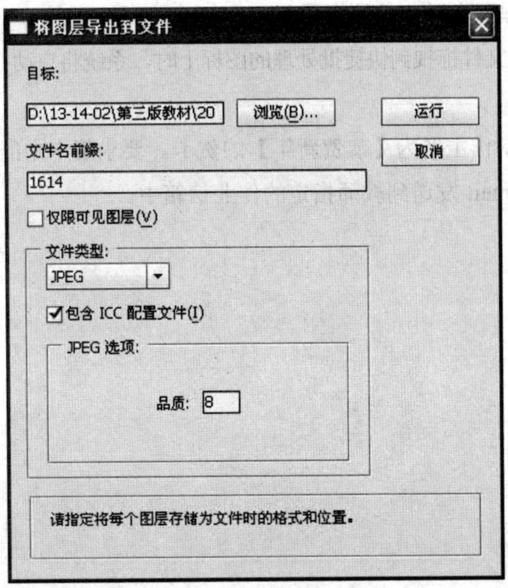

图 16.36 【将图层导出到文件】对话框

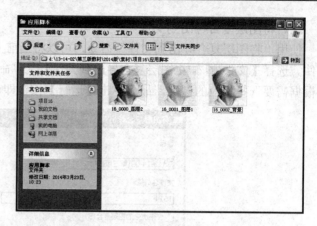

图 16.37　提示对话框　　　　　　图 16.38　生成的 JPEG 文件

项目习题

一、选择题

1. 在动作的记录中，下列哪些动作能被动作调板记录（　　）？
   A. 建立选区　　　　　　　　B. 输入文字
   C. 插入路径　　　　　　　　D. 使用画笔绘制图形

2. 下列关于批处理的说法正确的是（　　）？
   A. 在批处理文件时，处理的同一批文件的文件格式必须是统一的
   B. 在批处理文件时，可以使用动作调板中多个动作的组合
   C. "源"和"目的"的文件夹可以是同一文件夹
   D. 批处理在保存文件时能将文件自动重命名

3. 下列关于快捷批处理的描述正确的是（　　）？
   A. 快捷批处理是一个独立的可执行程序，可以在操作系统不同但 Photoshop 版本相同的条件下通用
   B. 快捷批处理是一个独立的可执行程序，可以直接处理文件
   C. 快捷批处理在处理图像时，必须打开 Photoshop
   D. 当将要处理的图像文件拖拽到快捷批处理的图标上时，系统将自动打开 Photoshop 对图像进行处理

二、操作题

通过录制和播放动作来制作主题为【恭贺新年】的贺卡。要求贺卡中的文字采用发光字，制作时录制【发光字】动作。结果通过 E-mail 发送到教师指定的作业信箱中。

附 录

课程学习网站：http://zhanghb.ypi.edu.cn

参 考 文 献

[1] 朱家义. 图形图像处理技术. 北京：机械工业出版社，2005.
[2] 神龙工作室. 技高一筹——Photoshop 轻松课堂全程实录. 北京：人民邮电出版社，2006.
[3] DDC 传媒 ACAA 专家委员会. Adobe Photoshop CS2 必修课堂. 北京：人民邮电出版社，2007.
[4] 赵道强. Photoshop 数码照片处理 108 招. 北京：中国铁道出版社，2007.
[5] 张勤等. Photoshop CS3 从入门到精通. 北京：清华大学出版社，2008.
[6] 张宏彬. CorelDraw X4 平面设计项目化教程. 南京：江苏教育出版社，2011.
[7] 卢帅. Photoshop CS6 从入门到精通. 北京：电子工业出版社，2013.